러시아 그림노트

초판 1쇄 발행일   2019년 10월 10일

지은 사람   김 병 진
그린 사람   김 병 진
펴낸 사람   허 주 영
펴낸 곳   미 니 멈
디자인한 사람   황 윤 정
조언해준 사람   배 문 화

주소   서울시 종로구 부암동 332-19
전화·팩스 02-6085-3730 / 02-3142-8407
등록번호 제 204-91-55459

ISBN 979-11-87694-08-3 03980

러시아 그림노트

김범진

minimum

30일의 기록, 1000일의 여행

대학교 졸업전시 준비가 한창이었을 적의 일이다. 반복되는 밤샘작업에 몸과 마음이 지쳐가던 와중, 문득 막연히 어디론가 떠나고 싶다는 생각이 들었다. 그것은 마치 '배가 고프다'라던가 '잠이 온다' 정도 차원의 욕구였던 것 같다.

지금도 물론 그렇지만, 당시의 나는 대책 없이 무언가 해보는 것을 하나의 미덕으로 여기고 있었다. 마땅히 어디론가 떠나고 싶다는 생각 뒤에는 그것을 그대로 실행하는 것이 인지상정인 것이었다. 이러한 생각은 꾸물꾸물 세포 단위에서부터 차츰 자라나 내 머릿속을 뒤덮기 시작했다.

기왕 떠나는 김에 최대한 허무맹랑하고 뜬금없고 그럴듯한 도피 장소를 찾아보았다. 머릿속을 스쳐 지나간 지구상의 여러 장소 중, 단연코 제일 유력하게 떠오른 곳은 시베리아 횡단열차를 타고 유라시아 대륙을 횡단하는 것이었다.

시베리아 횡단철도. 이름부터가 멋졌다. 시베리아를 철도로 횡단한다니! 요즘 세상에 웬만큼 멀다 싶은 곳은 비행기를 타고 이동하는 것이 당연한 상식일 텐데, 이를 깡그리 무시하고 육로를 탄다는, 시대를 거스르는 거친 발상이 호기심을 자극했다.

당시의유행어 중에 '씨베리아 벌판에서 귤이나 까라'는 말이 있었다. 씨, ㄲ 등의 된소리 발음이 왠지 욕처럼 들리지만 욕은 아닌, 더불어 문장 뜻이 말은 되지만 동시에 말이 되지 않는, 아무런 의미 없는 뜬금없는 그런 말이었다. 실제로 한국 사람이 시베리아 벌판에 가서 귤을 깔 일이 있나 싶었다.

처음에는 막연한 생각이었지만, 계속 생각하다 보면 가끔은 실제로 이루어지는 일이 있긴 있는 모양이다. 시베리아 횡단열차를 타고 싶다는 생각이 들고 나니, 나도 모르게 이를 실현하기 위한 계획이 세워지기 시작했다.

첫번째는 이 모험을 함께할 동료를 구하는 것. 자고로 모험이라는 것은 여러모로 동료가 함께해야 제 맛이다. 나의 정신 나간 모험에 공감할 그릇을 가진 그런 녀석이 필요했다. 몇 안 되는 친구 중에 이에 걸맞은 적임자가 눈에 들어왔다. 이름은 배혁. 대학 동기이자 동갑내기 친구다. 겉보기에는 멀쩡하지만 속은 안 멀쩡한 놈이다. 이제 와서 하는 말이지만, 이쯤 되니 겉보기에도 멀쩡한지 안 멀쩡한지도 모르겠다.

우리는 서로를 '쓰레기'라고 부른다. 서로 안 멀쩡해 보이는 각자의 모습에 대한 애칭으로, 나름의 동질감의 표시라고 생각하면 될 것 같다. 이 책을 그리며 배혁에게 쓰레기통을 씌워주었다. 그는 종종 쓰레기통으로 표현된 자신의 모습에 이의를 제기하기도 하지만, 그때마다 '이는 내 시선에 의한 표현이니, 불만이 있으면 너도 나를 쓰레기통으로 표현하면 된다'고 친절하게 대답해주었다.

사실 이 녀석에게 처음으로 '시베리아 벌판에 가서 귤을 까자'는 제안을 했을 때 '헛소리 하지 말라'며 무시당했지만, 삼고초려의 노력을 거친 끊임없는 세뇌 작업을 통해 마침내 이놈을 동료로 영입하는 데 성공했다. 나중에는 스스로 더 적극적으로 이 모험의 계획을 세우는 모습을 보니, 그렇게 흡족할 수가 없었다. 여담이지만 나는 바람을 잡는 쪽에 능하지만 추진력이 강한 편은 아니고, 배혁은 반대로 쉽게 움직이지 않지만 추진력이 강한 성향이다. 말 그대로 둘이 만나면 개판이 된다는 소리다.

배혁을 세뇌시키는 데 성공하고 나니, 다음은 시기와 일정을 정하는 일이 남았다. 시베리아는 겨울에 가는 것이 제 맛이다. 추울 때 추운 곳을 가고, 더울 때 더운 곳을 가는 것이 재미있어 보였다. 졸업전시를 마무리하고 난 뒤, 한겨울에 시베리아로 떠나는 것을 목표로 잡았다. 세뇌된 배혁은 이 계획에 크게 찬동하며 기뻐하였다.

집안 창고에서 먼지 때가 묻은 사회과부도를 꺼내 구글 지도를 봐가면서 여로의 모습을 간단히 그려보았다. 한국에서 비행기를 타고 러시아의 서쪽 끝인 상트페테르부르크로 이동한 뒤, 기차를 타고 동쪽 끝의 블라디보스토크까지 이동하는 경로였다. 쉬지 않고 기차로 달린다면 8일 남짓 걸리는 거리지만, 중간중간 내려서 러시아의 유명한 도시를 동시에 둘러보는 코스를 추가했다. 대충 거리를 재어보니 철도의 길이만 10,000km가 넘었다. 차원이 다른 단위에 나와 배혁은 경악과 탄식을 동시에 내뱉었다. 크 역시 모험은 이래야 제 맛이지!!

마침내 모험의 날은 우리에게 다가왔고, 한 달 간의 여정이 시작되었다.

상트페테르부르크로 떠나는 비행기에 탑승했다. 자리에 앉아 안전벨트를 매고 창밖을 바라보니, 얼마 지나지 않아 모험의 시작을 알리는 엔진 소리와 함께 비행기가 이륙했다. 창밖에서 점점 작아지는 건물들을 바라보며 생각에 잠겼다. 아마도 이 여행은 나에게 깊은 인상과 추억으로 남게 되지 않을까. 깊은 인상과 추억으로 남았으면 좋겠다. 기왕 저지른 일인데, 하는 김에 재미있게 해보자는 다짐을 했다.

통장 속에 든 돈은 그렇게 많지 않았다. 여행 내내 게스트하우스를 전전하며 3등석 침대 기차를 탔다. 나와 배혁은 그 안에서 겉으로는 투박하지만 실제로는 상냥한 러시아를 만났다. 영하30도의 날씨 속에서 숨 쉴 때마다 콧속이 얼었다 녹는 경험도 했다. 시베리아 벌판에서 귤을 까기도 했다! 실제로 눈앞에 벌어진 상상 속 일들은 칼바람이 옷깃 속으로 파고들 듯 내 뇌리에 깊숙이 박혔다. 하루하루의 일과를 기록했다. 글로 기록하기 애매한 것들은 사진을 찍었다. 여행 동안 경험한 거의 모든 것을 기록하려고 노력했다. 실로 파란만장한 한 달이었다.

이 그림책은 나의 러시아 모험을 기록한 노트다. 수집한 텍스트, 사진, 동영상, 개인적 경험을 바탕으로 여행 동안 경험한 공간, 음식, 에피소드를 최대한 담아보았다. 손으로 하나하나 그림을 그리다보니 장장 3년이라는 시간이 걸렸다. 기록을 탄탄히 해둔 탓인지, 그림을 그릴 때마다 마치 나 자신이 과거 모험의 한 부분에 온 듯 푹 빠져서 그림을 그리는 속도가 매우 더뎠다. 작업을 하는 3년 동안, 적어도 1000일어치 정도 되는 여행을 하고 온 듯한 기분이 들었다.

여행의 과정은 실제로 여행하는 동안뿐만 아니라, 아무래도 여행을 가기 전의 설렘과 여행을 다녀온 이후의 여운을 포함해줘야 할 듯싶다. 나는 이제야 4년 간의 여행을 마치고 그림책과 함께 돌아왔다. 그리고 이 책을 보는 사람들에게 내가 경험한 그때의 여운을 이야기해주고 싶다.

역시 모험은 이래야 제 맛이지!!

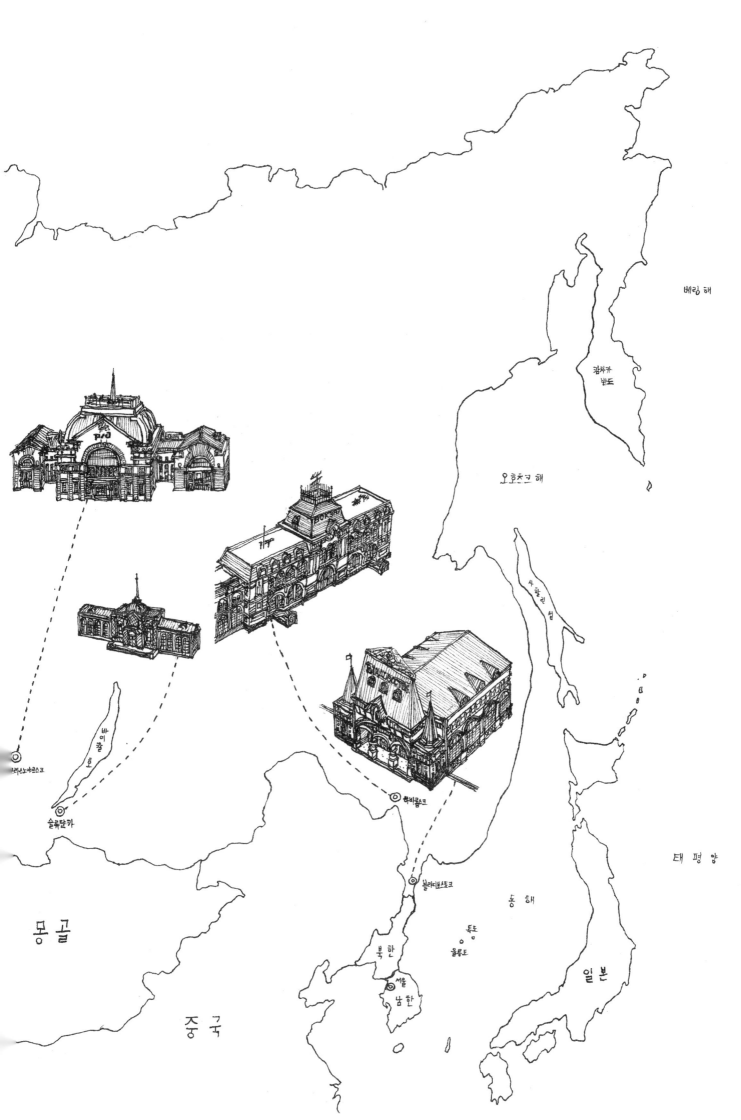

베링 해

캄차카 반도

오호츠크 해

사할린 섬

태평양

동해

바이칼 호

몽골

중국

북한

서울

남한

독도

울릉도

일본

크라스노야르스크

슬류댠카

하바롭스크

블라디보스토크

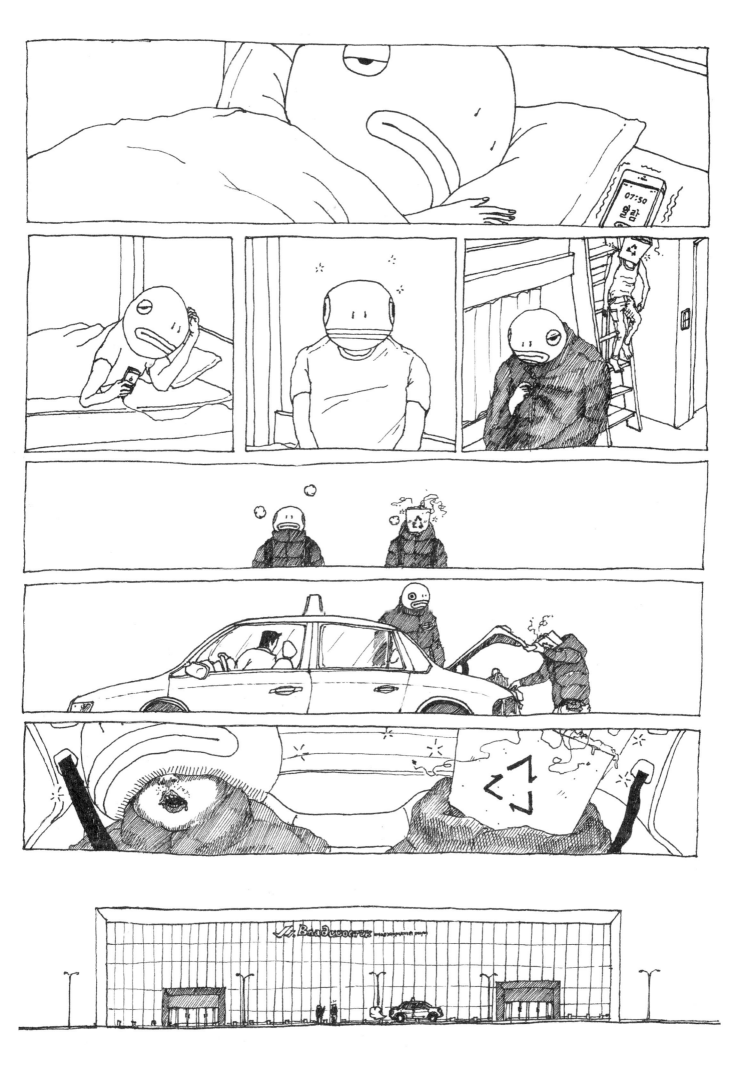

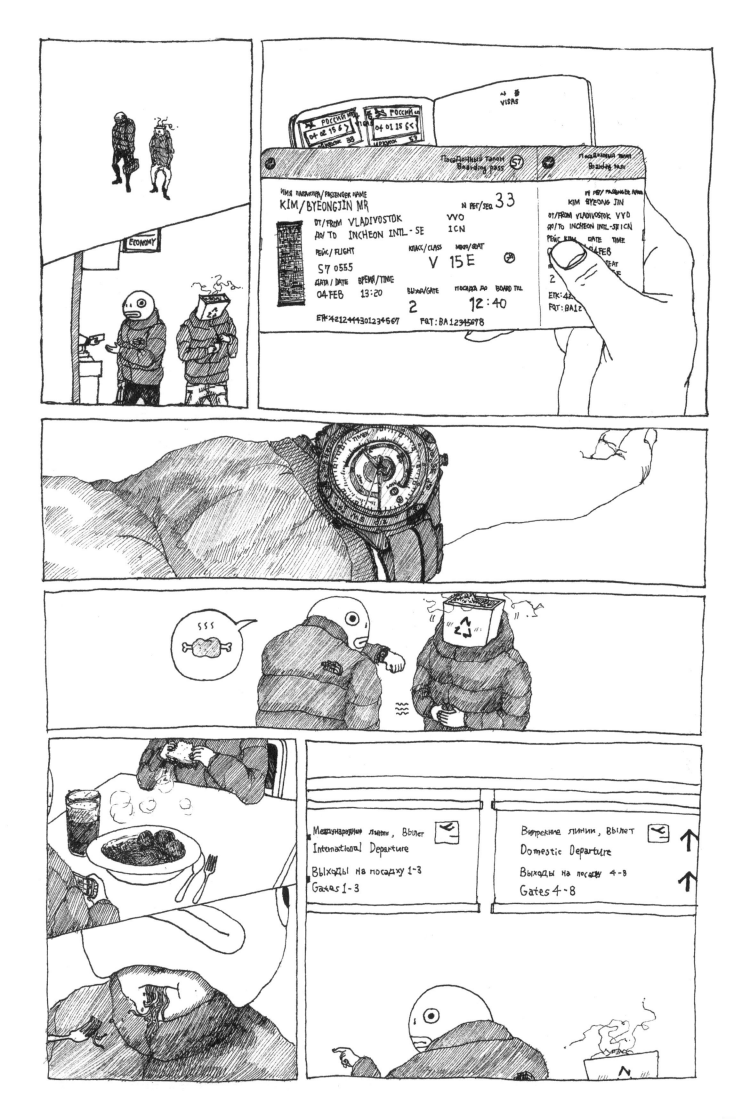

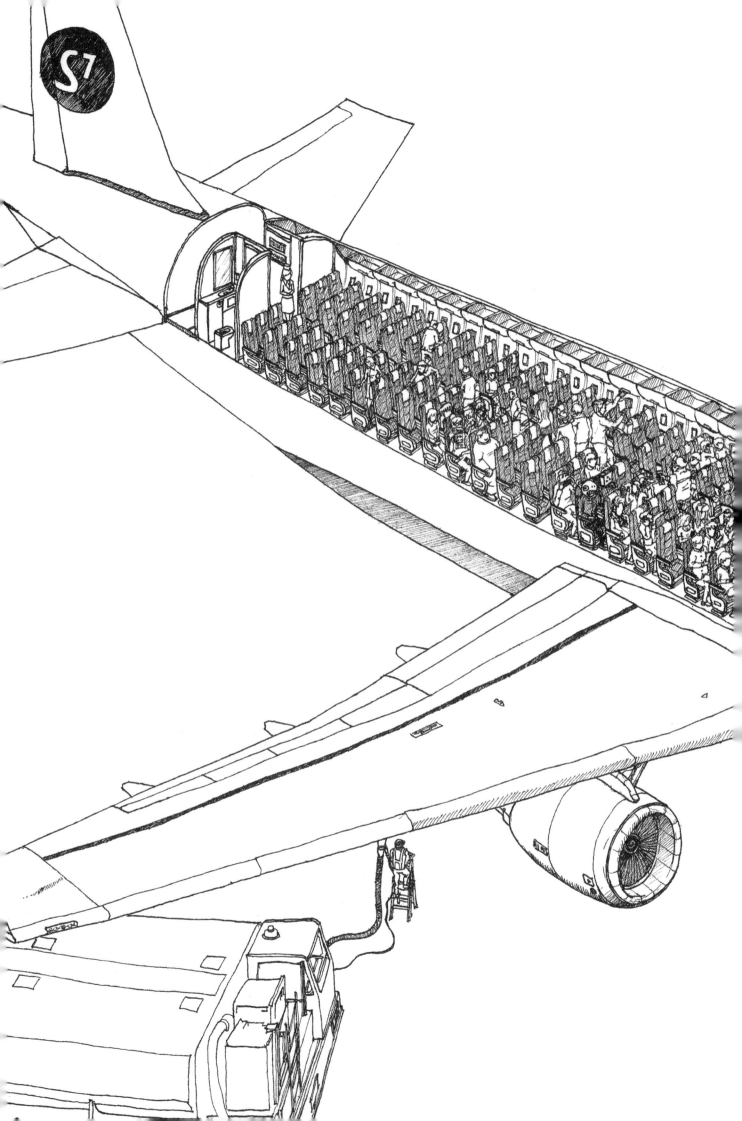

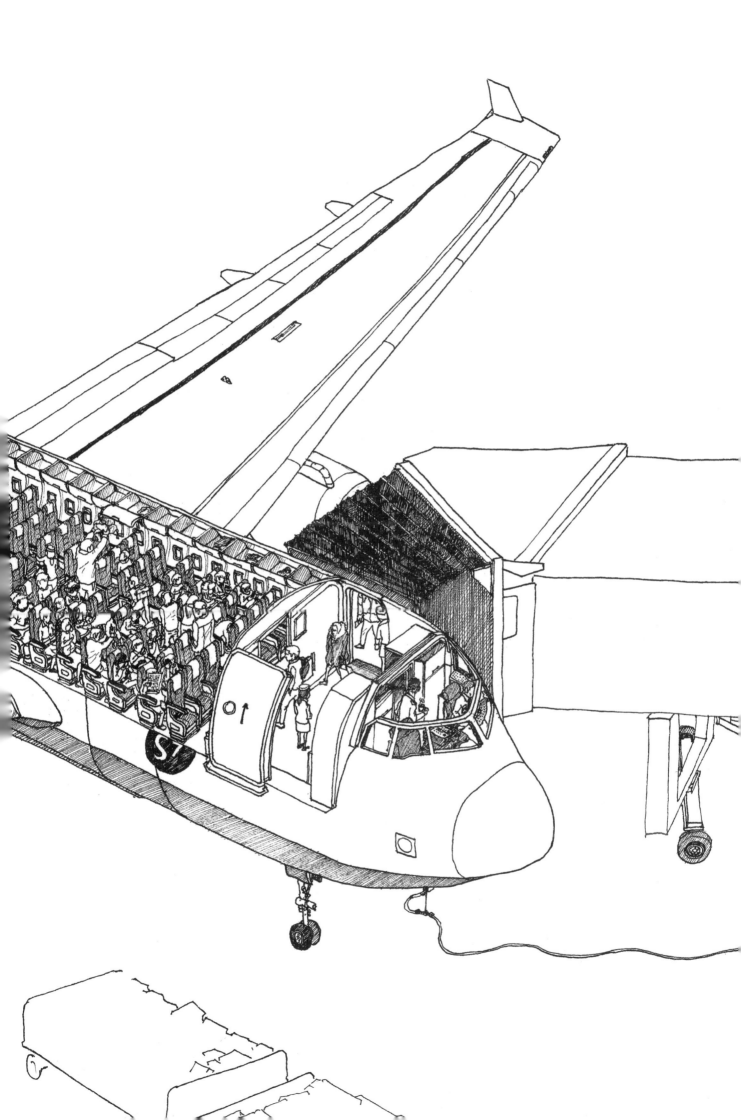

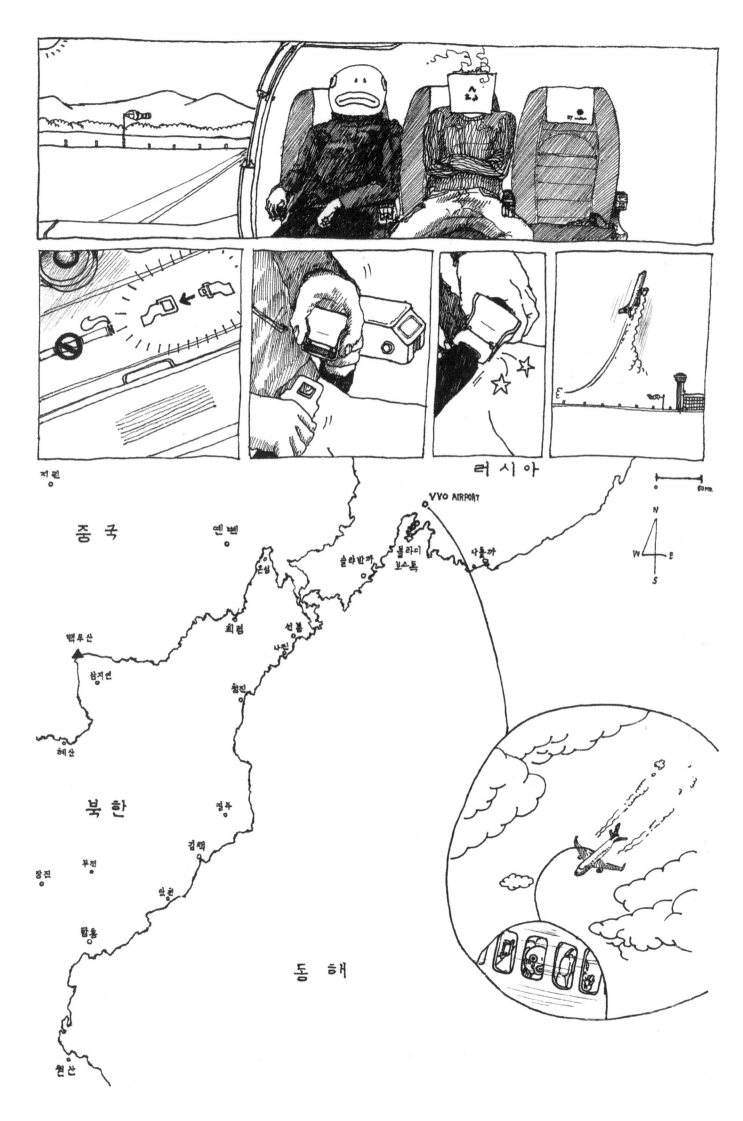

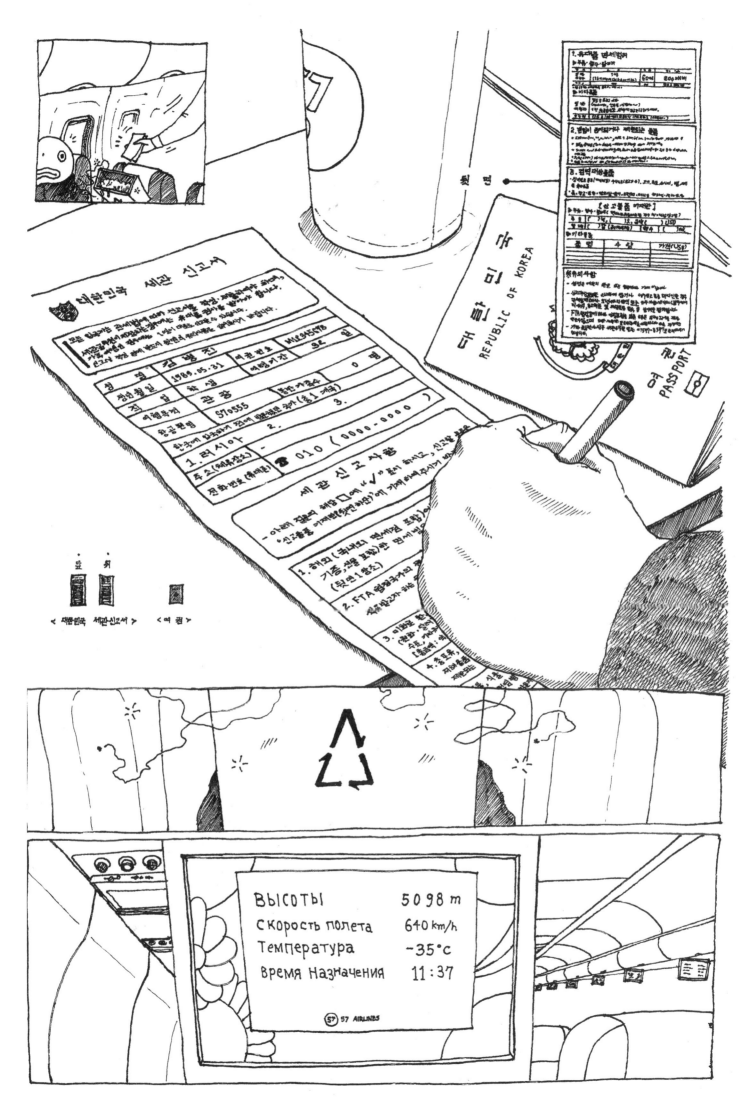

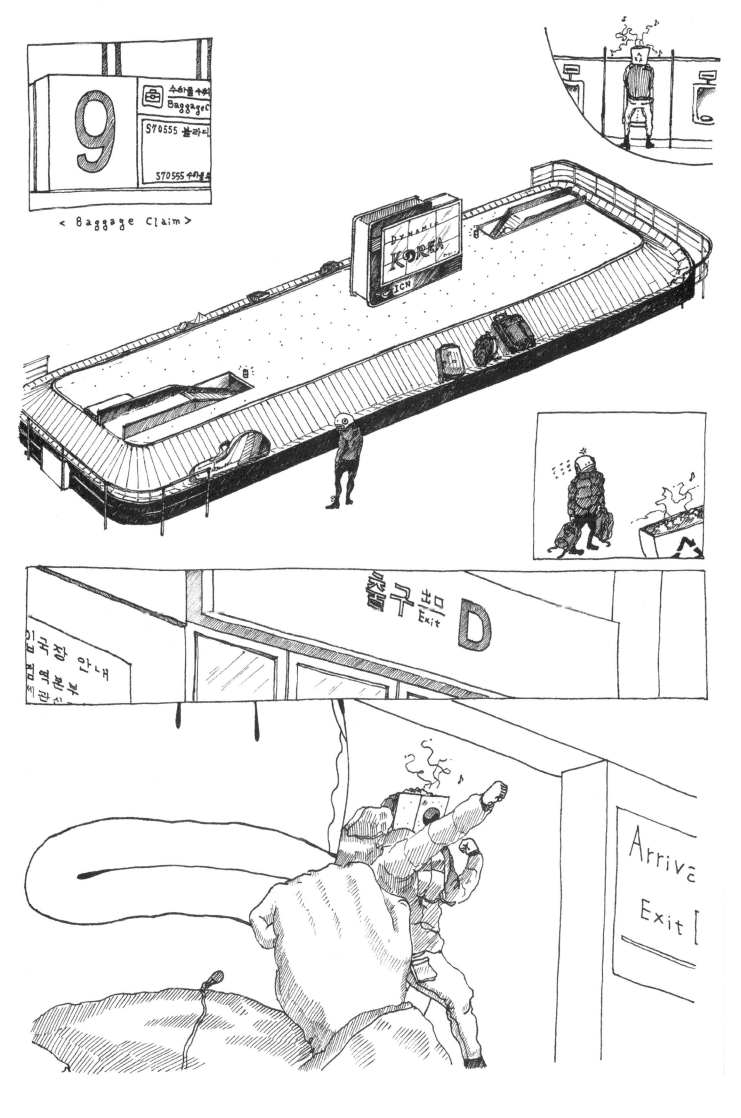

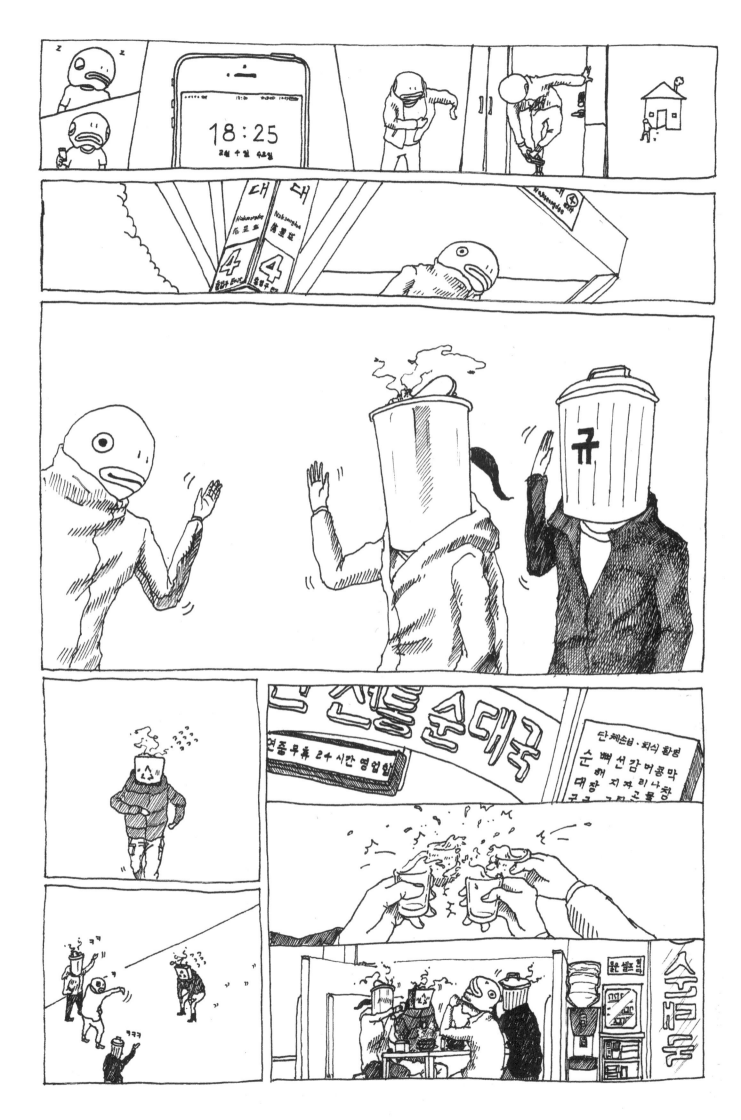

너네 러시아 가서 뭐 했냐 ㅋㅋ

< 김 병 진 >

이 름 : 김 병 진 (애벌레 가면을 착용함)

나 이 : 27세 (2015년 기준)

성 별 : 男

키 : 181cm (워커를 착용하면 184cm로 늘어남)

몸무게 : 80kg

시 력 : (나안) 좌 : 0.2 / 우 : 0.2

혈액형 : B (Rh⁺) 형

국 적 : 대 한 민 국

가족관계 : 아버지, 어머니, 누나, 본인 (1남 1녀 中 막내)

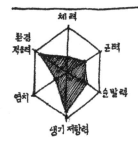

○ 제자리에 가만히 머무르며 정보를 검색, 분석, 기록하는 것을 좋아한다. 분주하게 돌아다니지 않으며 (아주) 천천히 걸으며 여행지의 풍경을 수집 · 기록한다.

○ 여행지에서의 언어능력 (적응에관한) 은 꽤나 유연한 편. 대화에서의 분위기와 문맥을 캐치하기 때문에, 이른바 '개떡같이 말해도 찰떡같이 알아듣는' 재주에 능함.

○ 사교성이 좋지 않은 편이어서 4人 이상 모였을 시 말수가 급격히 줄어드는 편이며 주로 남의 말을 듣는 것을 좋아함.

○ 식성은 아무거나 가리지 않고 모두 잘 먹는 편이다.

○ 추운 날씨가 좋다.

이 름 : 배 혁 (쓰레기통 가면을 착용함)

나 이 : 27세 (2015년 기준)

성 별 : 男

키 : 177cm (워커를 착용하면 180cm로 늘어남)

몸무게 : 70kg

시 력 : (나안) 좌 : 1.5 / 우 : 1.5

혈액형 : B (Rh⁺) 형

국 적 : 대 한 민 국

가족관계 : 아버지, 어머니, 형, 본인 (2남 中 막내)

< 배 혁 >

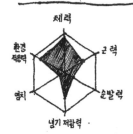

○ 행동파. 궁금한 것이 생기면 직접 돌아다니고 물어가며 그것을 해소한다. 험지돌파도 마다 하지 않는다.

○ 습득한 정보 이외의 것을 유연하게 유추해내는 부분이 (상대적으로) 뒤떨어지나, 결국 의사소통을 해내고야 만다.

○ 사교성이 뛰어나다고 말하긴 어렵지만, 적어도 새로운 친구를 사귀거나 만나는 것에 대해선 부담을 가지지 않는 Type.

○ 식성은 아무거나 가리지 않을 것 같지만, 의외로 스려한 음식을 잘 먹지 못한다. 순대국을 매우 좋아한다.

○ 추운 날씨를 좋아하나, 몸이 그것을 다 받아들이지 못하는 편.

★ 30일 여행에 필요한 초간단 러시아어

◦ 감사인사

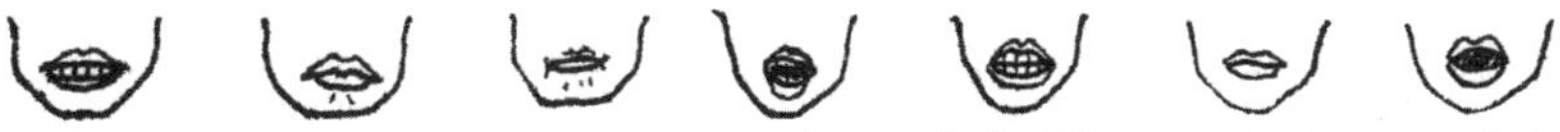

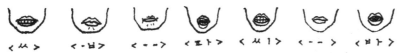

Спасибо. [스파씨-바] – 감사합니다. (쓰는 빈도 : ★★★★★)

- 아마 여행중 제일 많이 쓰는 말일 것이다. 물건을 사거나 대화할 때나, 게스트하우스 사람들이나 호텔 점원 등등에게 써주면 좋아한다. 뭔가 우리말로 말하기엔 욕을 하는 기분이지만 러시아에서는 마음껏 말해도 되니 뭔가 기분이 묘하다.

◦ 예 / 아니오

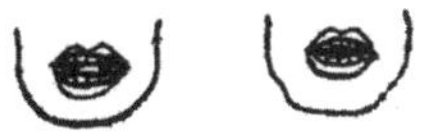

Да. [다-] 예.

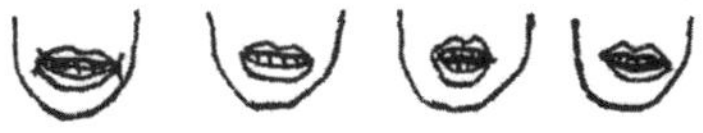

Нет. [니옐-] 아니요. (쓰는 빈도 : ★★★★★)

- 예/아니오만 알아도 여행중 쓰는 러시아어는 절반은 먹고 들어간다.

◦ 실례합니다

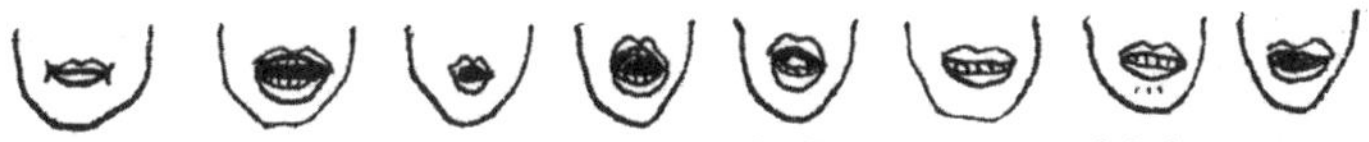

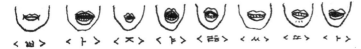

Пожалуйста [빠잘-스따] (쓰는 빈도 : ★★)

- 실례합니다의 뜻이지만 You're welcome의 뜻도 있는 듯 하다. 주로 우리가 쓴다기보다 듣는 경우가 많은 편.

◦ 만났을 때 / 헤어질 때

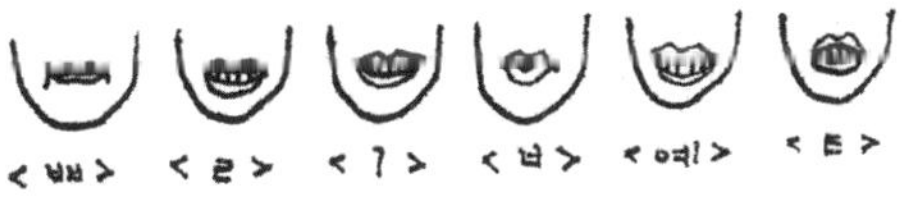

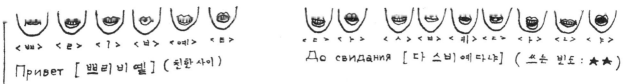

Привет [쁘리비옐] (친한 사이)

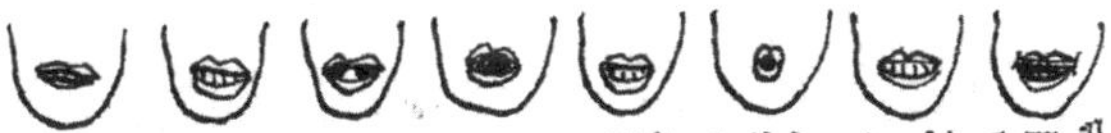

Здравсвуйте [즈드라쓰 부이쩨] (처음 만났을 때)

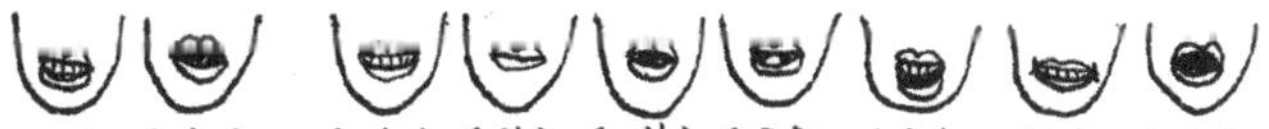

До свидания [다 스비예다냐] (쓰는 빈도 : ★★)

- 보통 '즈드라스부이쩨'를 많이 쓴다.
러시아 사람들이 아무리 영어를 몰라도 Good bye 정도는 알기 때문에 '다 스비예다냐'를 말할 틈도 없이 Good bye가 입에서 튀어나와도 알아듣긴 한다. 그래도 러시아 말을 써주면 더 좋아하는 편

* Пока [빠-카] - 친한 사이간의 '안녕'이라는 뜻인데, 일본 사람에게는 쓰지 않는 것이 좋을 듯 하다.

◦ 많이 마주치게 되는 단어

Вход [브호드] - 입구

Выход [븨호드] - 출구

Туалет [뜨왈렛] - 변소

Корейский [까례이스끼] - 코리안

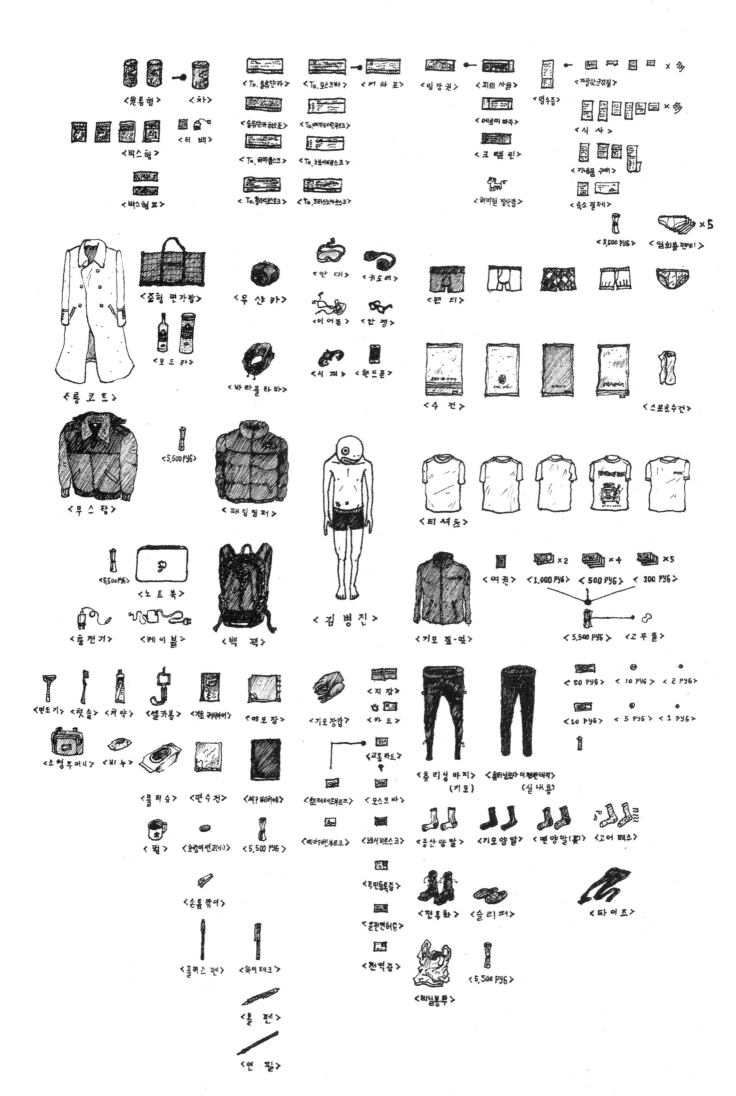

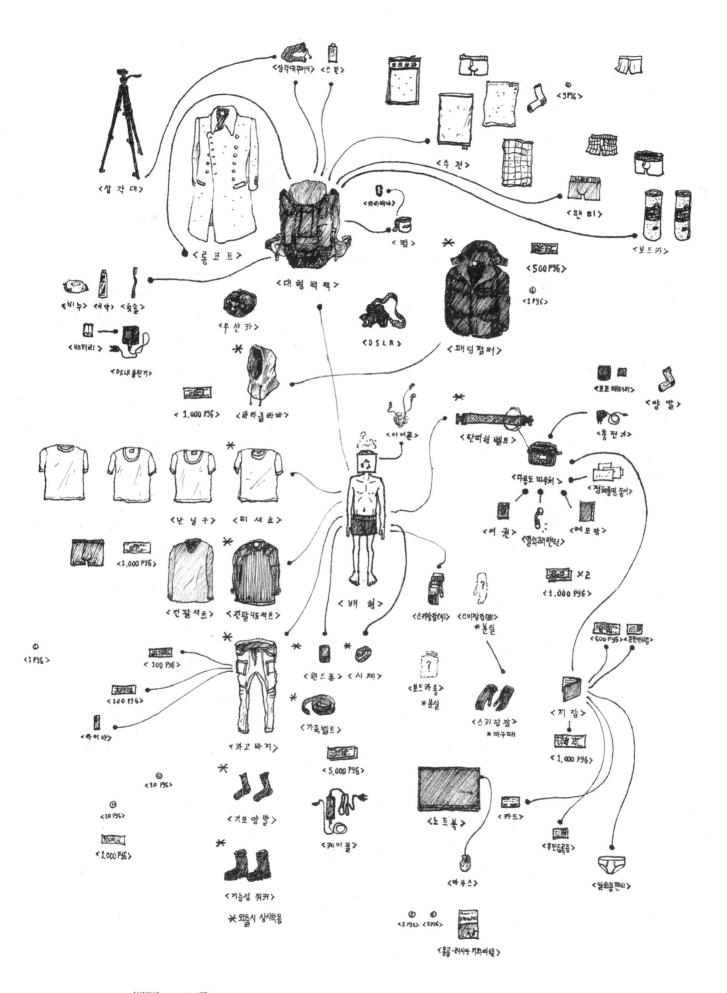

처음으로 방문한 도시는 쌍뜨 뻬떼르부르끄 라는 곳이었다.

엄밀히 말하자면 환승을 위해 이르쿠츠크와 모스크바를 들르긴
했지만, 잠깐이었으므로 논외로 치겠다 이해해 주기 바란다.

이곳은 5,000,000 명이 넘는 인구가 거주하는 대도시이며, 러시아
에서 제일가는 역사·문화의 중심지라고 한다. 쾨펜의 기후 구분
상으로는 습윤 대륙성 기후(Dfb)이다. 북위 60°에 이르는 위도 상에
있기 때문인지, 내가 방문했을 당시엔 아침 10시가 넘어야 해가
떴고 오후 2시가 넘어가면 해가 졌다. 밤이 매우 길었다.

그 점이 매우 매력적이라고 생각했다.

그래서인지 한국보다 전체적으로 위도가 높은 러시아의 특성상, 대부분
기억이 어두울 때의 것이 많은 편이다.

쌍뜨 뻬떼르부르끄에는 자정이 넘은 한밤중에 도착하였다. 다행히
공항 스타벅스가 열려있었고 빵빵한 와이파이를 쓸 수 있었다.

비행기를 타고 오면서 간단한 일기를 썼다. 수기로 작성한 일기를 컴퓨터
에 옮겨 적으며 겸사겸사 찍은 사진들 구경도 했다.

첫차가 다니기까진 시간이 꽤 남아서 컴퓨터에 사진을 띄워놓고
가만히 오랫동안 멍하니 앉아 있었다.

그러다 문득 든 생각은, 앞으로 계속될 한달 간의 여행이 나에게
좋은 작업적 경험이 될 수 있을 것이라 생각하였다.

그렇게 생각하고 나니 앞으로 어떤 식으로 여행을 하면서 그 경험을
어떠한 방식으로 담아내고 기록할 것인지에 대한 궁리를 하게 되었다.
나의 노트는 그렇게 시작되었다.

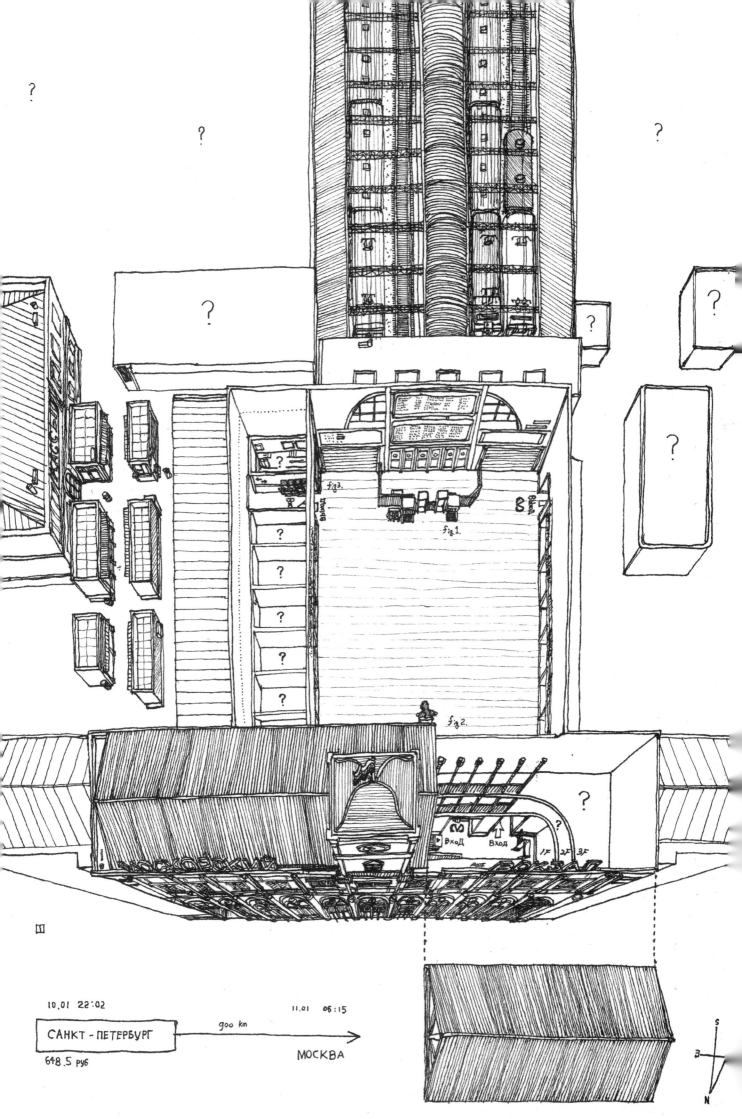

fig3.

Вход

fig.1.

fig 2.

МОСКОВСКИЙ

Вход

Вход

1F 2F 3F

ВОКЗАЛ

II

fig 1.

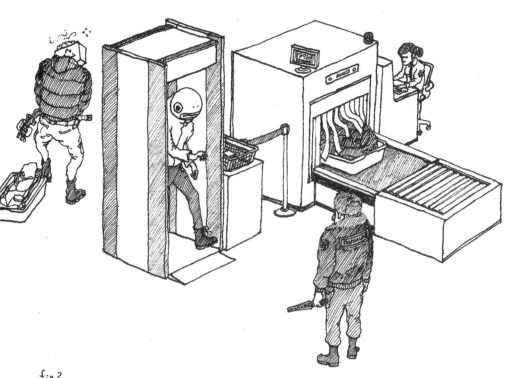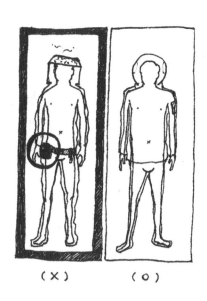

(X)　　　　(O)

fig 2.

СAНКT-ПETEPБУPГ

fig 3.

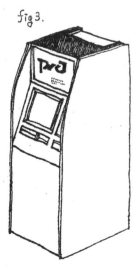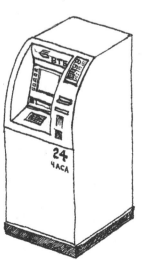

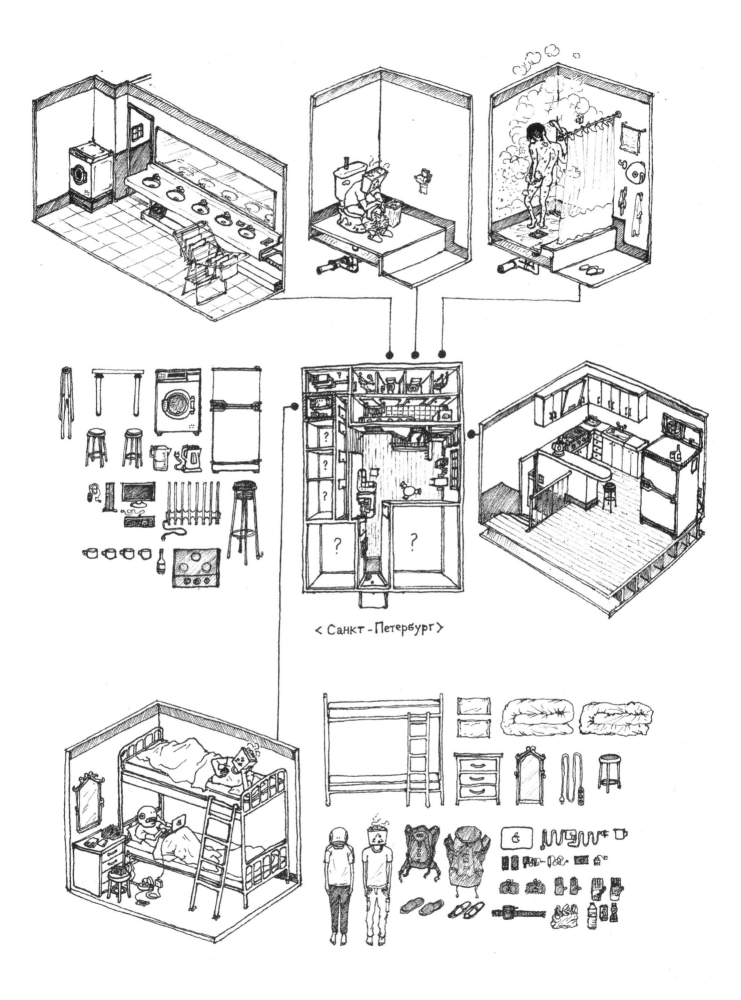

< Санкт-Петербург >

ГОСУДАРСТВЕНЫ Й
ЭРМИТАЖ

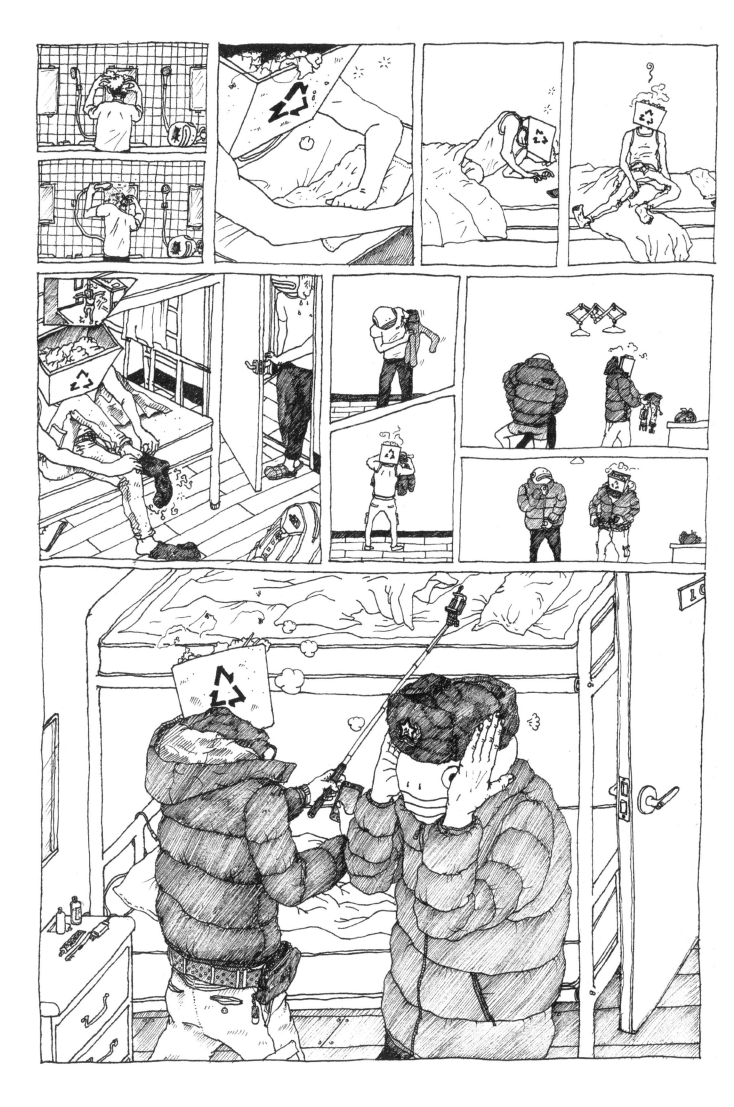

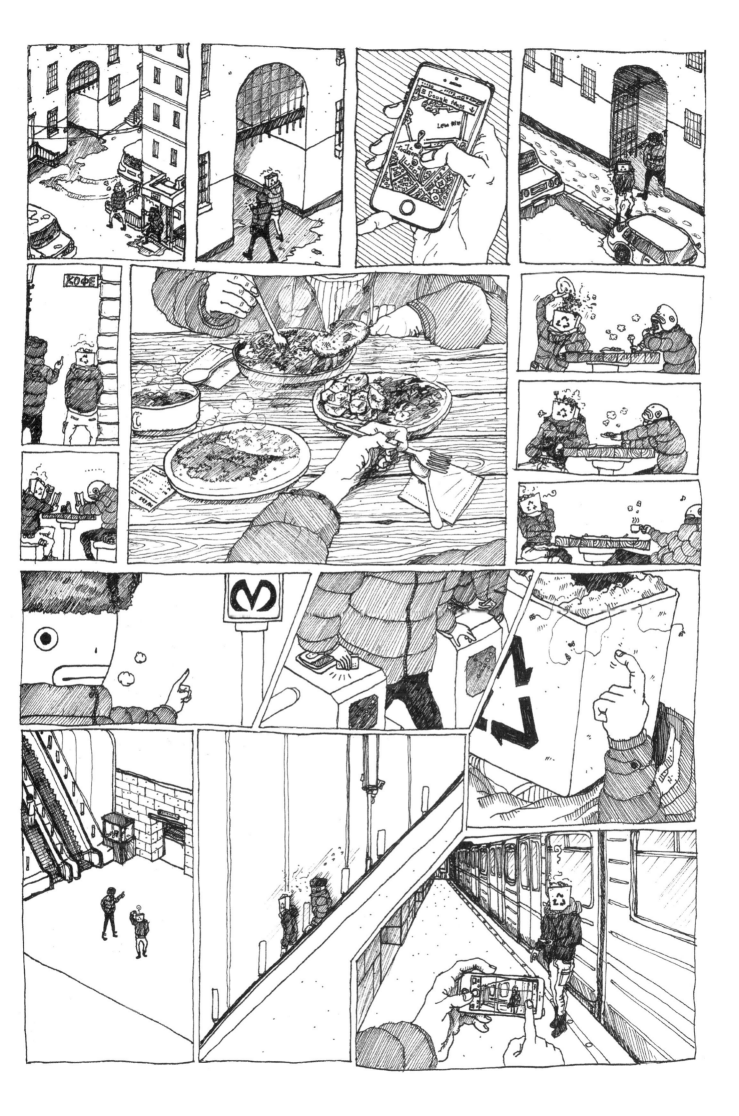

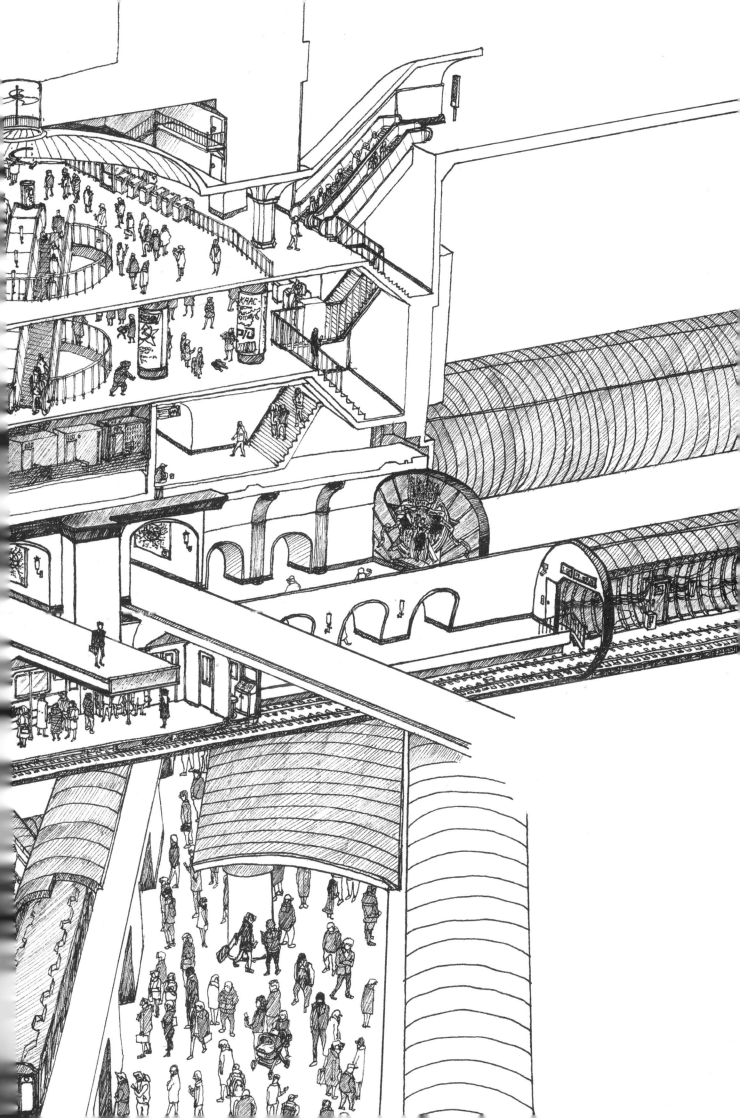

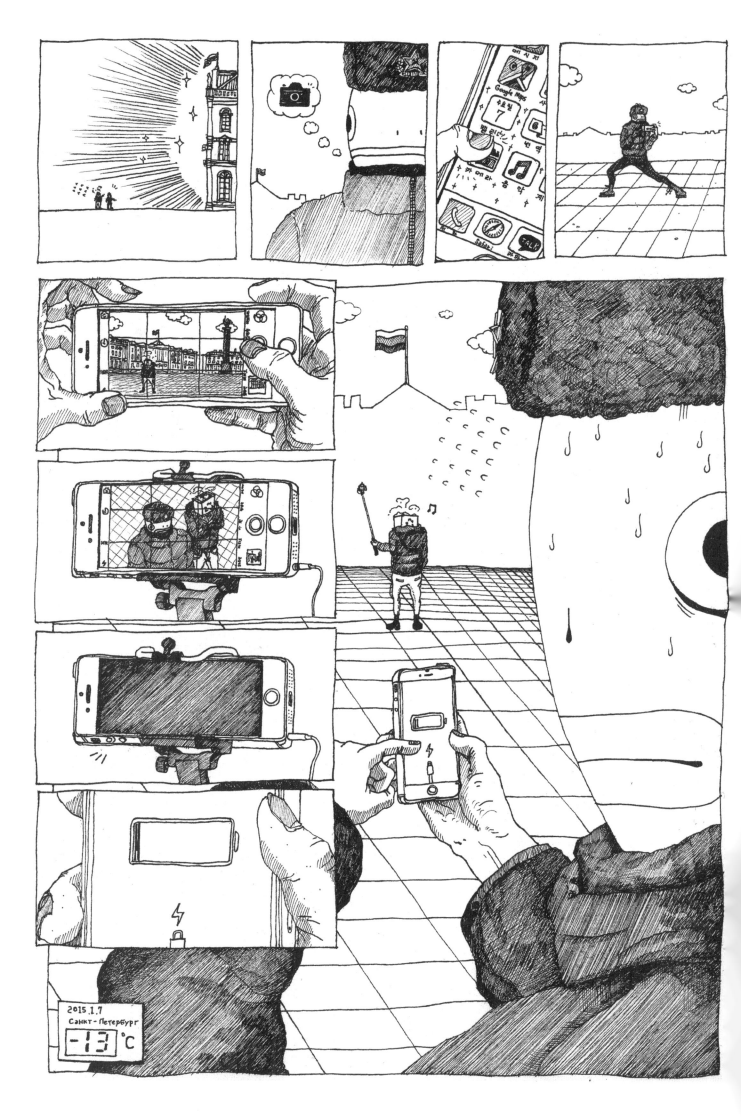

2015.1.7
Санкт-Петербург
-13°C

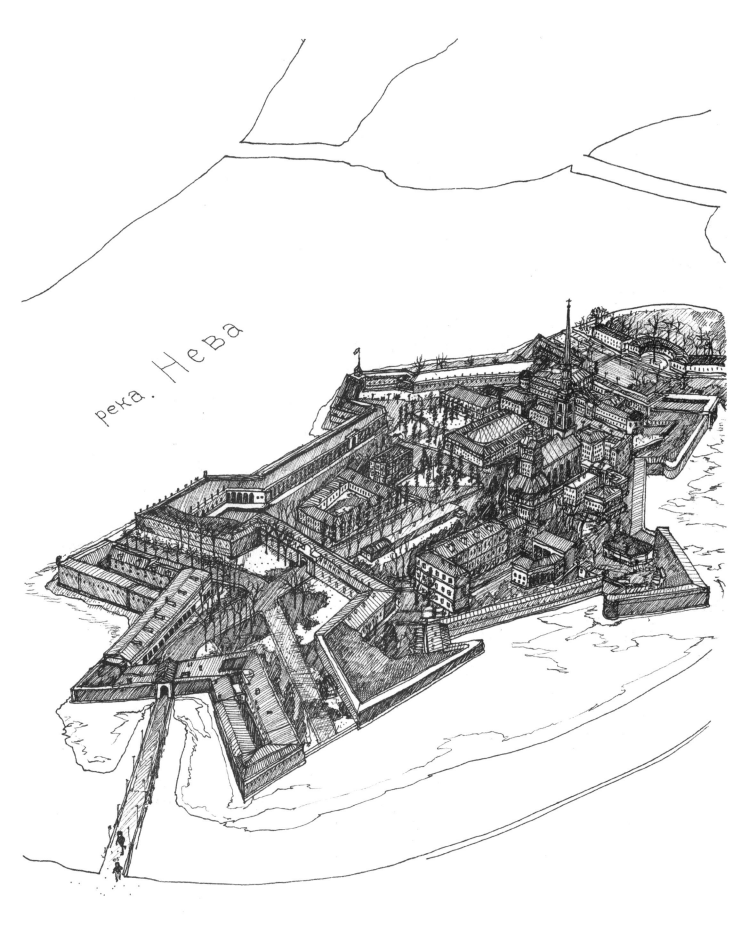

река. Нева

< Петропавловск крепость >

< Каза́нский кафедра́льный собо́р >

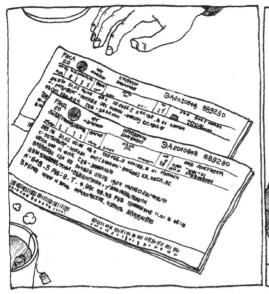  

РЖД 20	АСУ «ЭКСПРЕСС»		ПРОЕЗДНОЙ ДОКУМЕНТ		ТИ2010447 060279	

ПОЕЗД	ОТПРАВЛЕНИЕ 2015 ГОД	ВАГОН	ЦЕНА руб.		Кол. человек	ВИД ДОКУМЕНТА ОАО "ФПК" 01 ИНН 7708709686
№ шифр	Сч	№ тип	Билет	Плацкарта		
249 А6	10.01 22:02	03 С	000466.2	000182.3	01 полный	

С ПЕТЕР-ГЛ МОСКВА ОКТ (2004001-2006004) КЛ.ОБСЛ.ЭС
МЕСТА 042 % ФПК СЕВ-ЗАПАДНЫЙ
ЗА889230 CZA E2 0443526 070115 1320 00205022/ФПК/Н
33M12345678 КИМ=БЫЕОНГЖИН=- 31051989/KOR/M
Н-648.5 РУБ; В.Т.Ч.НАС 98.93 РУБ ПРИБЫТИЕ 11.01 В 06:15
ВРЕМЯ ОТПР И ПРИБ МОСКОВКОЕ. КУРЛТЬ ЗАПРЕЩЕНО.

* 2 0 1 0 4 4 7 0 6 0 2 7 9 1 * 　　　 * 8 3 7 3 3 0 2 1 0 5 6 2 6 1 *

< 기 차 표 >

① : 열차의 번호. (249호차)

② : 열차의 출발시각. 모든 것은 모스크바의 시간대를 기준으로 하기 때문에 주의해야 한다.

③ : 열차의 호차 번호. (03호)

④ : 출발지 - 목적지. (쌍뜨 뻬떼르부르크 - 모스크바)

⑤ : 좌석 번호. (042번 좌석)

⑥ : 여권 번호.

⑦ : 성명. (КИМ=БЫЕОНГЖИН=-)
　　　 기 ㅁ 비 여 ㅇ ㄱ ㅉ ㅣ ㄴ

⑧ : 생년월일 / 국적 / 성별. (러시아에서는 일/월/년 순으로 표기하므로 주의해야 한다.)

⑨ : 열차표 요금. (648.5 루블)

⑩ : 열차의 목적지 도착 예정시각.

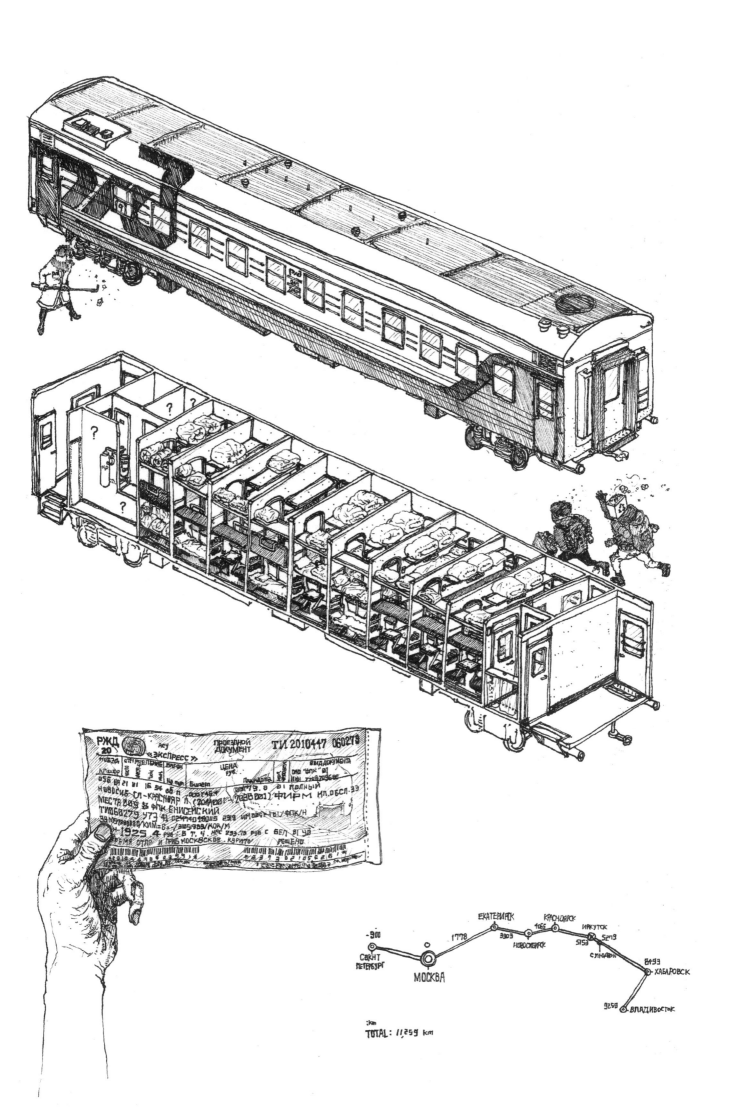

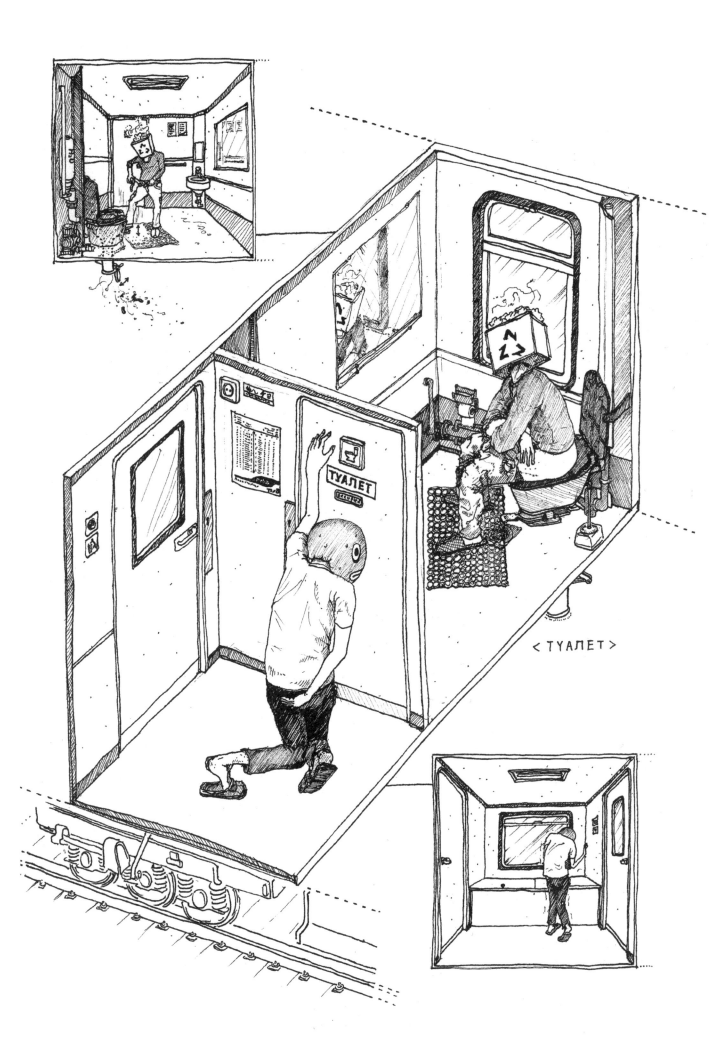

< ТУАЛЕТ >

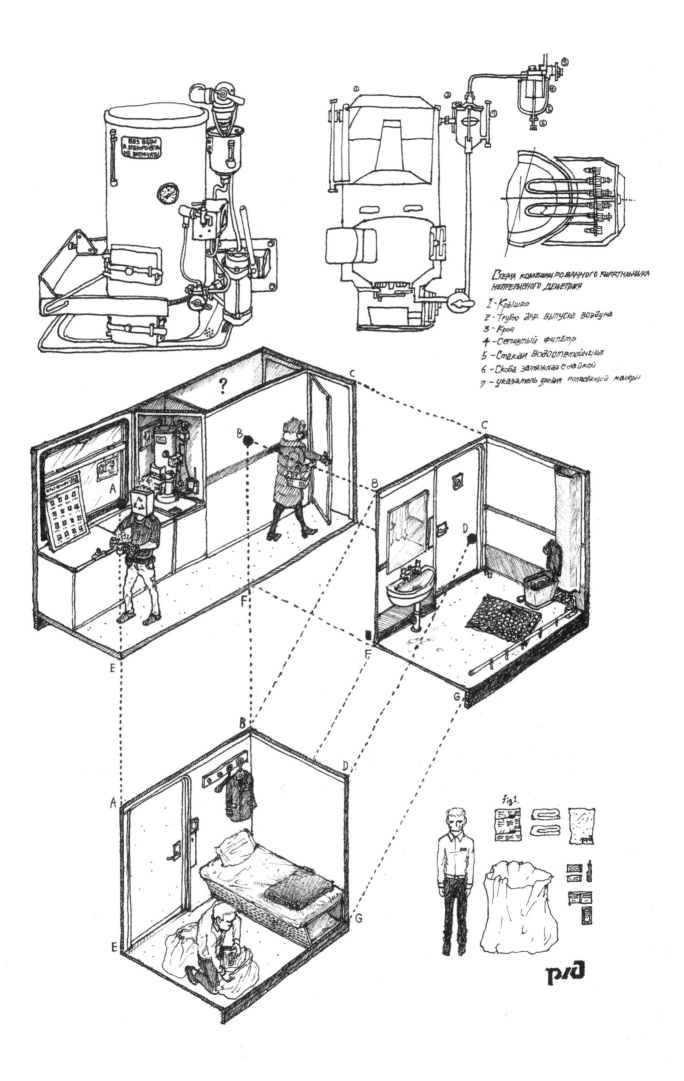

Схема комбинированного кипятильника
непрерывного действия

1 - Крышка
2 - Трубка для выпуска воздуха
3 - Кран
4 - Сетчатый фильтр
5 - Стакан водоотстойника
6 - Скоба затяжная с гайкой
7 - указатель уровня поплавковой камеры

fig.1

БЕЗ ВОДЫ
В ЭЛЕКТРОСЕТЬ
НЕ ВКЛЮЧАТЬ

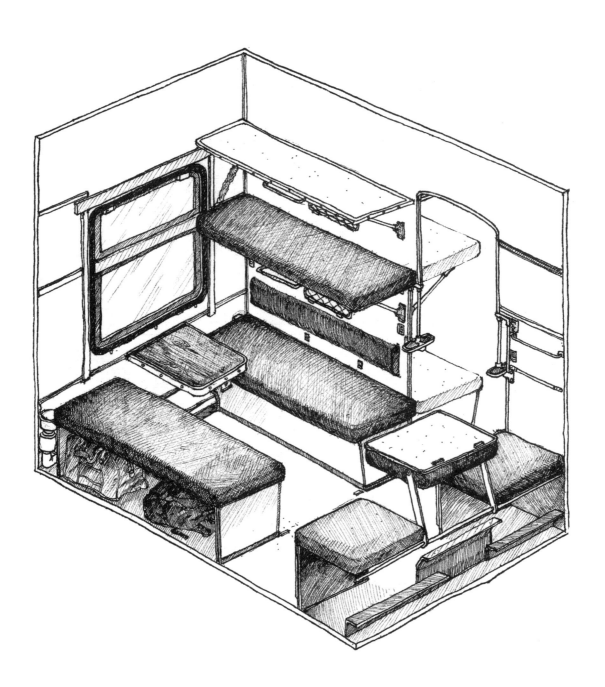

figure 1.

figure 2.

figure 3.

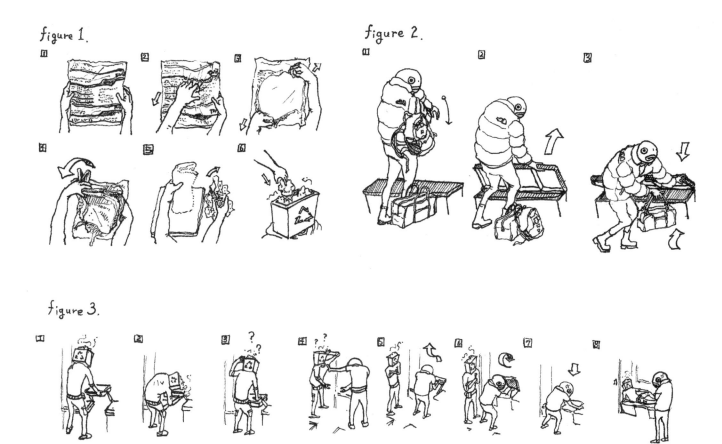

8시간 가량 기차를 타고 모스크바에 도착했다. 쌍뜨 뻬쩨르부르끄와는 600km 정도 떨어져있다. 꽤나 가까운 거리라고 볼 수 있다. 밤 기차를 타고 8시간을 달리니 도착할 즈음엔 아침이 되어 있었다. 아침이라고 해봐야 아직 칠흑처럼 어둡긴 했지만.

조금 삭막해보이는 분위기였다. 눈 커엔 먼지가 쌓여 회색 빛이 감돌았고, 낡은 아파트들이 곳곳에 있었다. 첫 인상은 그러한 느낌이었다.

아마도 더 많은 사전 조사가 있었더라면 이 도시에서 느끼는 바가 조금은 달랐을지도 모르겠다. 그렇지만 온전히 거리를 걸으며 우연함으로 이루어진 경험들을 받아들여보는 방법도 꽤나 나쁘진 않았던 것 같다. 덕분에 일반적인 여행 가이드북에 없는 경험을 한 듯 하다.

박물관이나 갤러리, 전시장에 가서 구경을 하는 것에는 큰 관심이 없었다. 약간은 거시적으로, 이 도시의 풍경이나 거리의 일상적인 모습들, 매면 섞인 차디찬 바람, 새콤칼칼한 보르쉬 국물에 더 관심이 갔다.

모스크바에서 머물렀던 숙소는 가정집에 딸린 조그만 방 한칸이었는데 구식 아파트의 느낌이 사뭇 마음에 들었다. 아파트 현관 출입구와 각 집의 문은 거의 손 한 뼘 두께 남짓의 육중한 철문으로 되어 있었고 문이 열리고 닫힐 때마다 둔탁한 쇠소리가 났다.

숙소는 5층이었지만 엘리베이터는 없었다. (오르내리는데 매우 힘이 들었다.) 아파트에 고양이가 3마리가 살고 있었는데, 기본적으로 사람을 두려워하지 않아서 숙소 침대에 누워있을때 자꾸 옆으로 꼬물꼬물 기어오곤 해서 매우 귀여웠다. 이불을 덮고 누우면 위로 올라가 나를 앞발로 꾹꾹 누르며 그르릉거리는 모터 소리를 냈다.

모스크바의 거리는 쌀쌀하고 삭막했지만 숙소는 매우 따뜻했다.

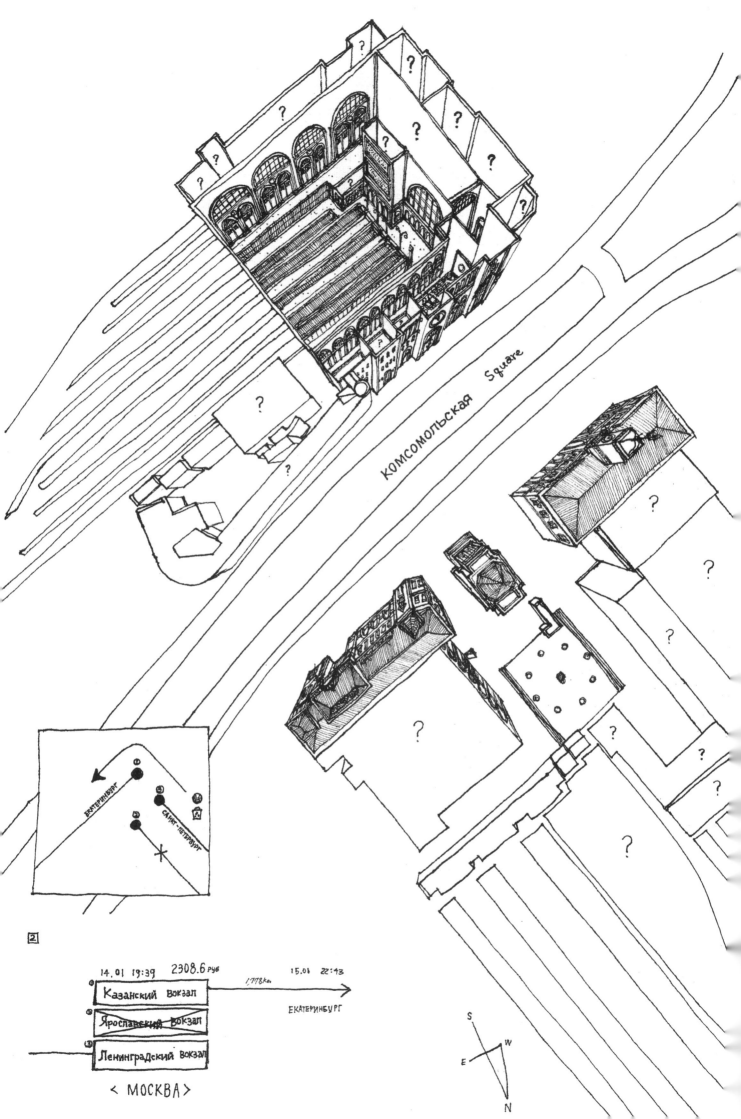

Комсомольская Square

ЕКАТЕРИНБУРГ

САНКТ-ПЕТЕРБУРГ

2

14.01 19:39   2308.6 руб   15.01 22:43

Казанский вокзал   1778км

                              ЕКАТЕРИНБУРГ

Ярославский вокзал

Ленинградский вокзал

< МОСКВА >

S
W
E
N

ЛЕНИНГРАДСКИЙ ВОКЗАЛ
ЯРОСЛАВСКИЙ ВОКЗАЛ
КАЗАНСКИЙ ВОКЗАЛ

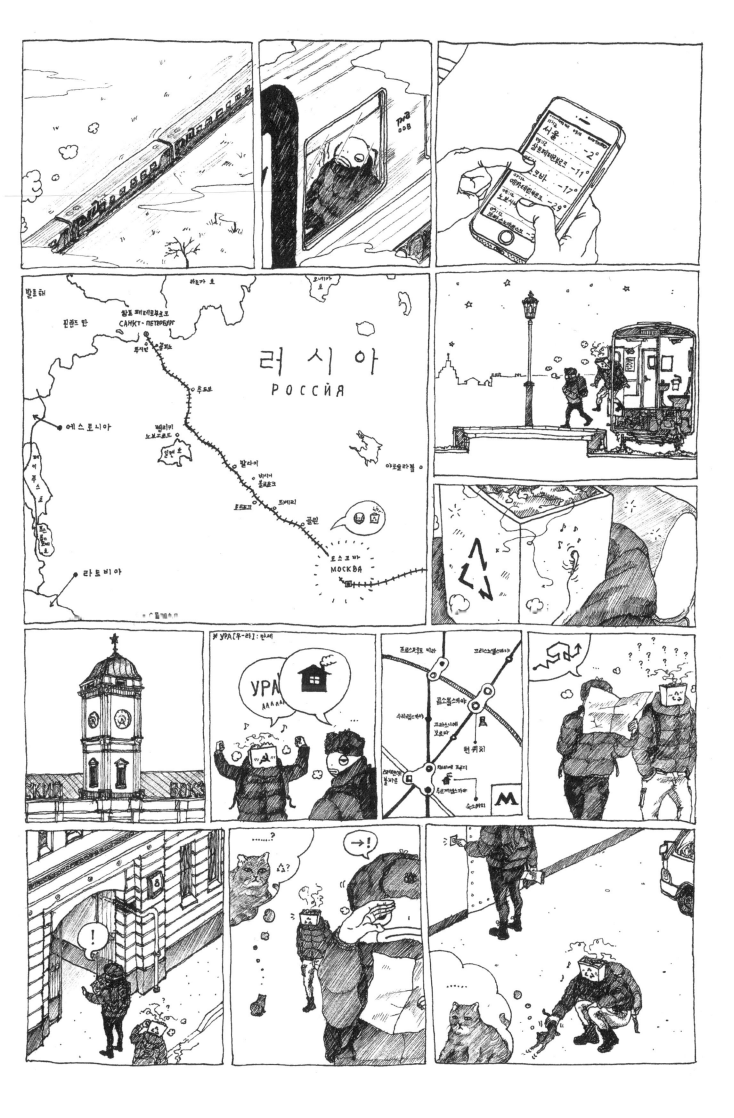

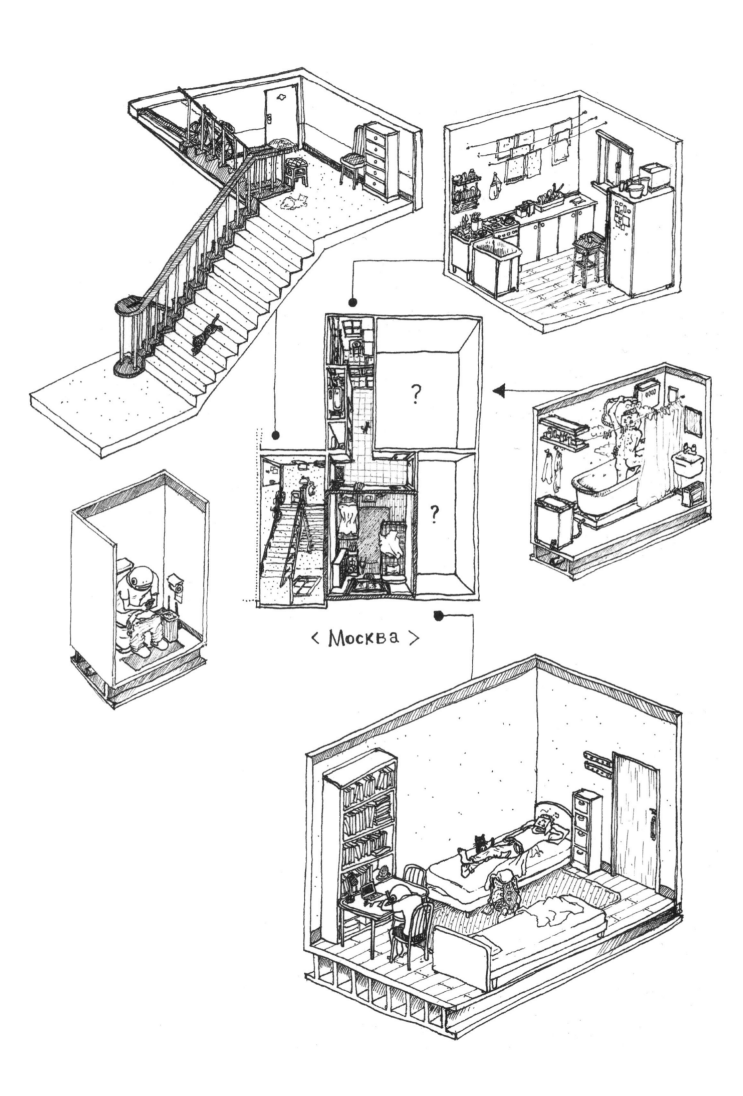

< Москва >

< Московский Государственный Университет >

＊ 모스크바 국립대학

< отель ленинградская >

＊ 호텔 레닌그라드

< Министерство иностранных Дел >

＊ 러시아 외무성

< 7остиницы Украины >

＊ 호텔 우크라이나

< Культурно Народная квартиа >
＊ 문화인 아파트

< Корпорация Трансстрй >
＊ 러시아 교통성

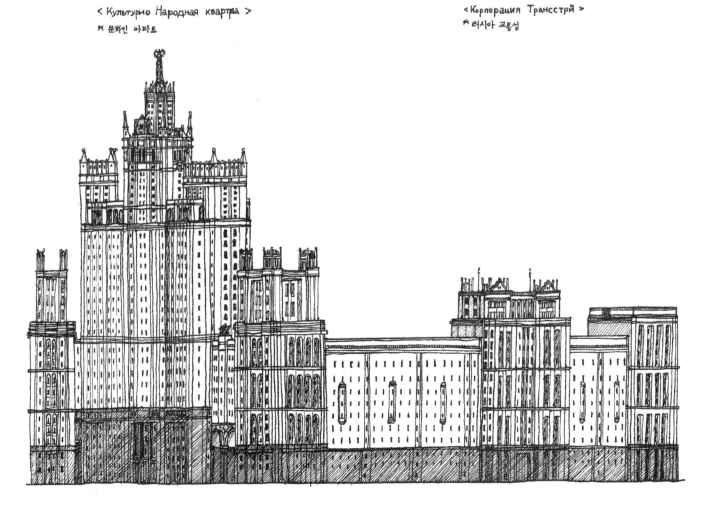

< Котельническая набережная >
＊ 예술인 아파트

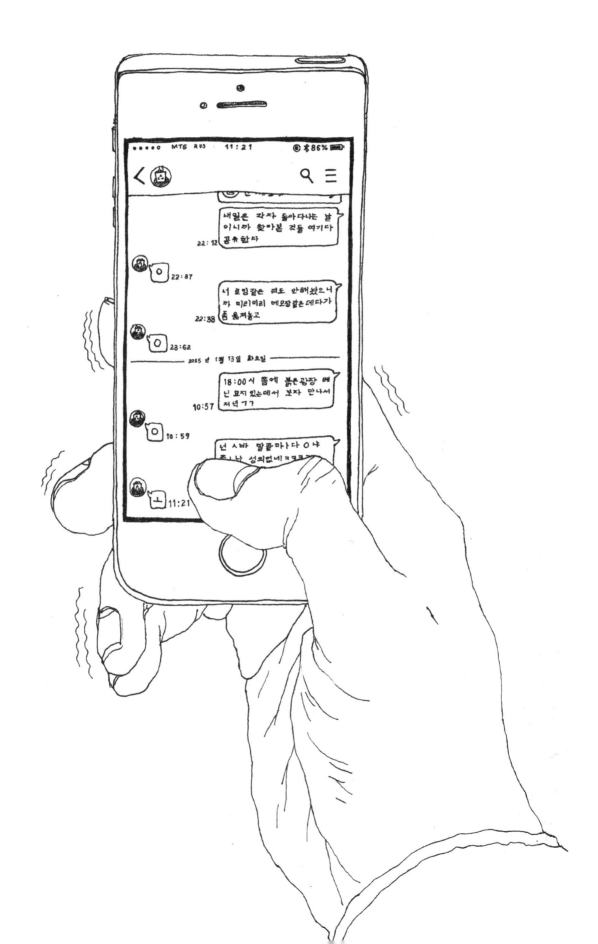

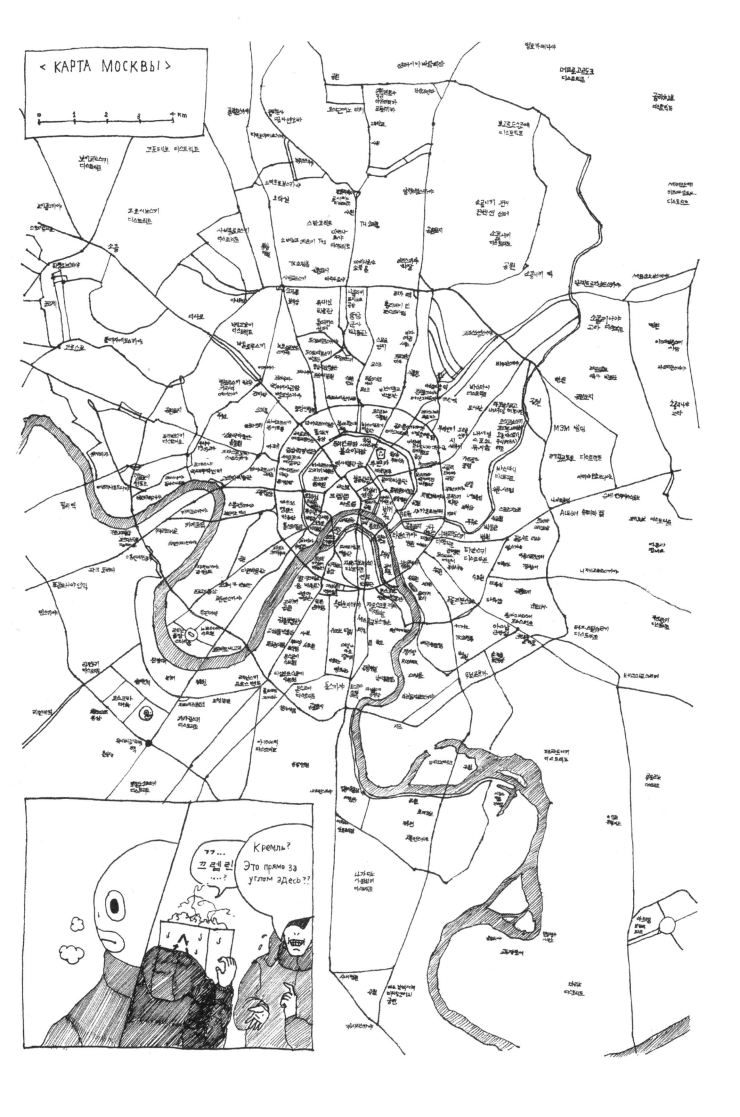

o 바디 랭귀지

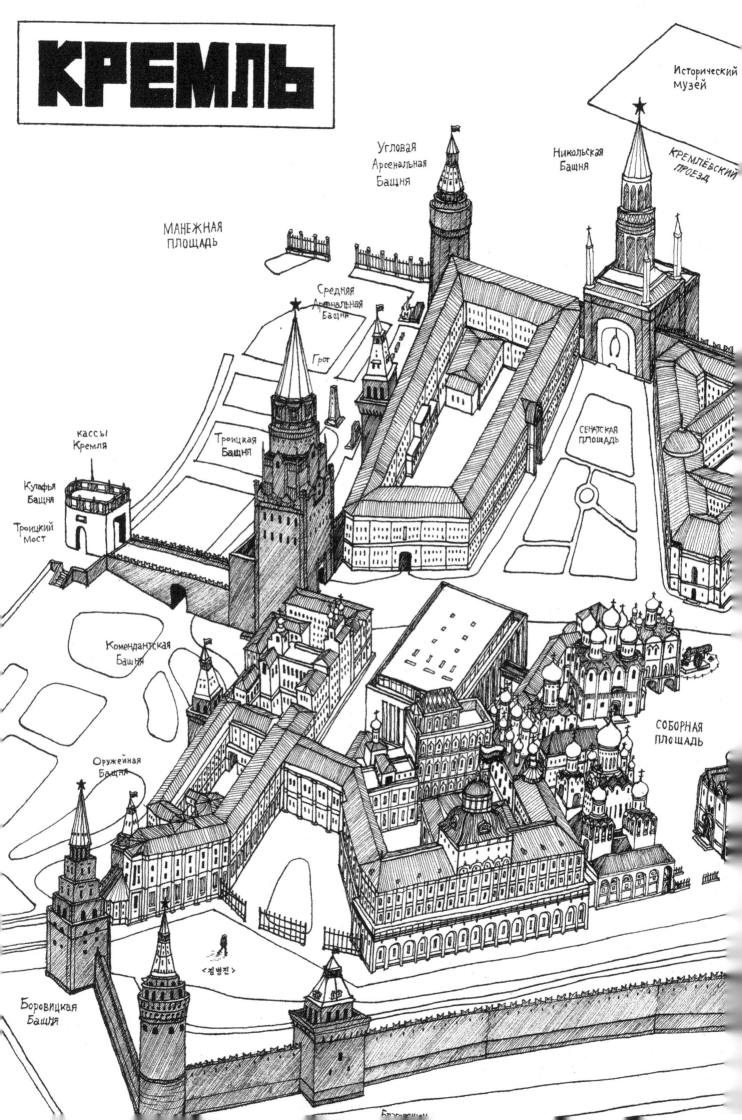

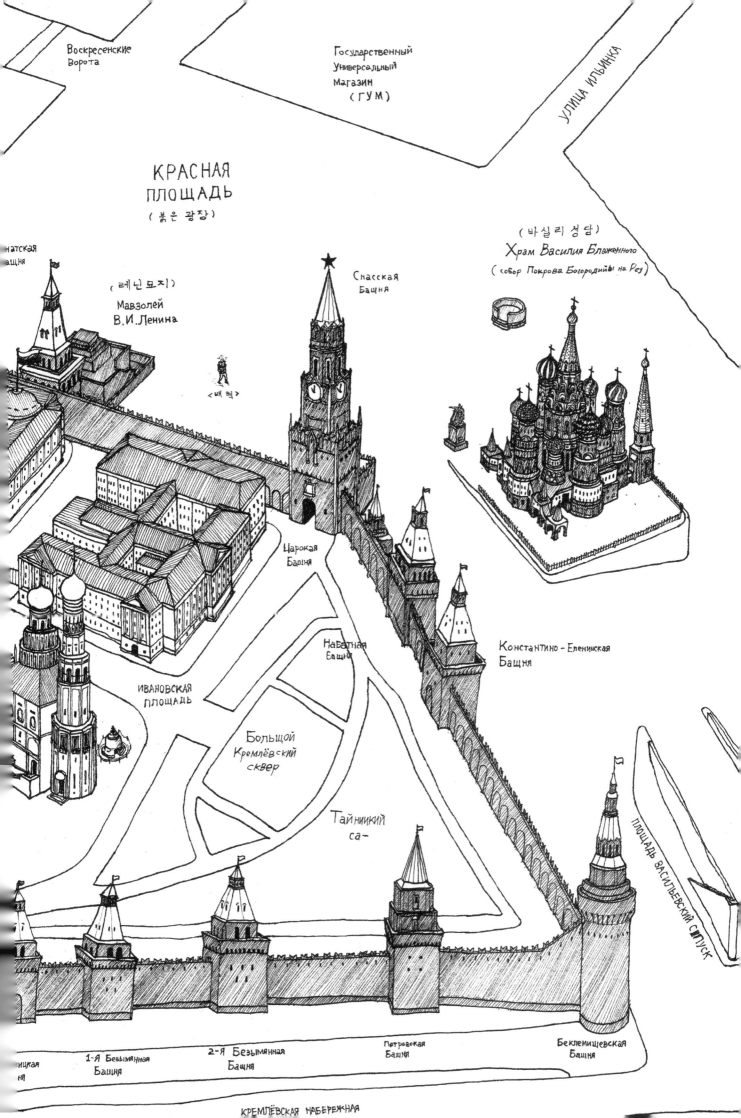

Воскресенские
Ворота

Государственный
Универсальный
магазин
(ГУМ)

УЛИЦА ИЛЬИНКА

КРАСНАЯ
ПЛОЩАДЬ
(붉은 광장)

(바실리 성당)
Храм Василия Блаженного
(собор Покрова Богородицы на Рву)

-натская
-ащня

(레닌 묘지)
Мавзолей
В.И.Ленина

Спасская
Башня

< 배 혁 >

Царская
Башня

Константино - Еленинская
Башня

Набатная
Башня

ИВАНОВСКАЯ
ПЛОЩАДЬ

Большой
Кремлёвский
сквер

Тайницкий
са-

ПЛОЩАДЬ ВАСИЛЬЕВСКИЙ СПУСК

-ицкая
-ня

1-Я Безымянная
Башня

2-Я Безымянная
Башня

Петровская
Башня

Беклемишевская
Башня

КРЕМЛЁВСКАЯ НАБЕРЕЖНАЯ

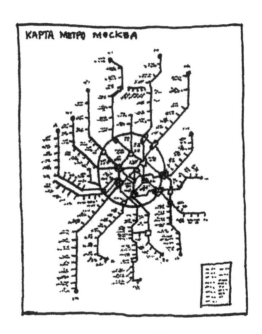

KAPTA METPO MOCKBA

< 지하철 노선도 >

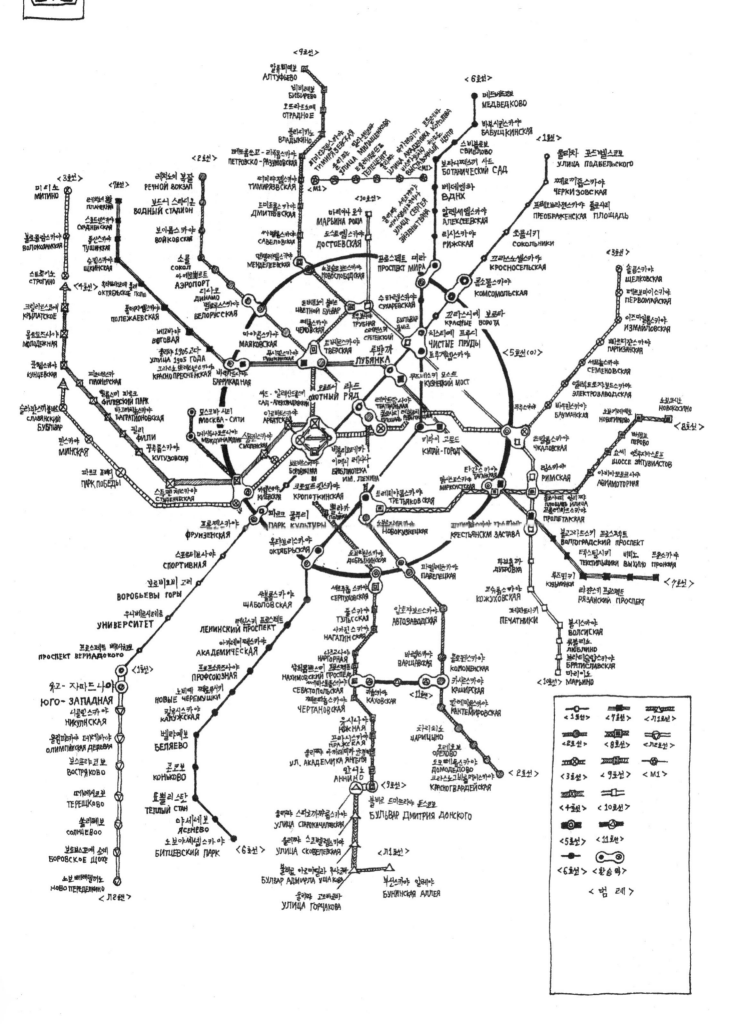

КАРТА МЕТРО МОСКВА
모스크바 지하철 노선도

КАРТА МЕТРО САНКТ-ПЕТЕРБУРГ

쌍뜨-뻬쩨르부르끄 지하철 노선도

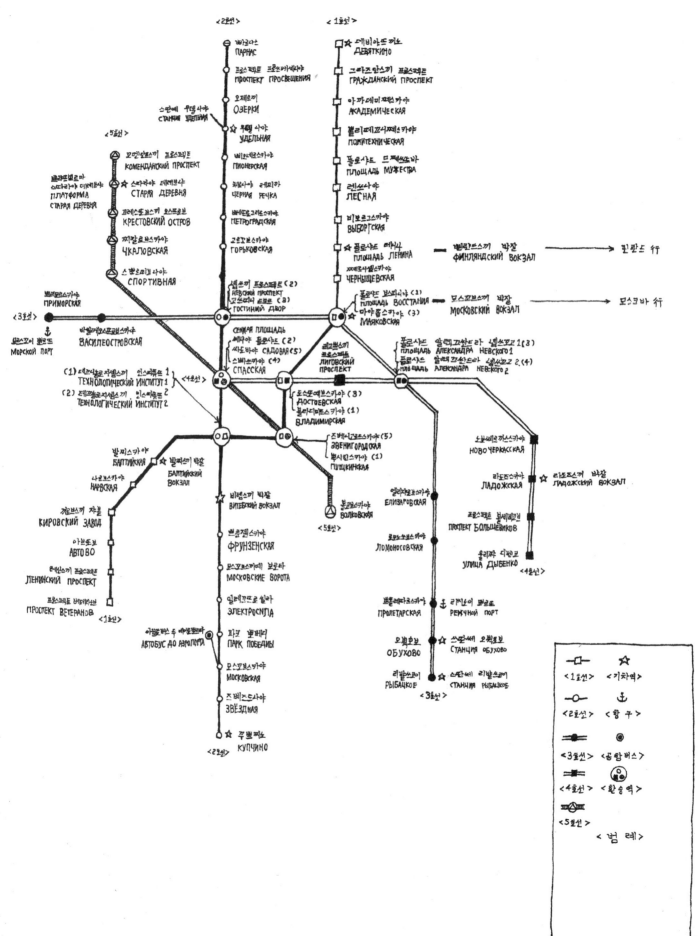

КАРТА МЕТРО НОВОСИБИРСК
노보시비르스크 지하철 노선도

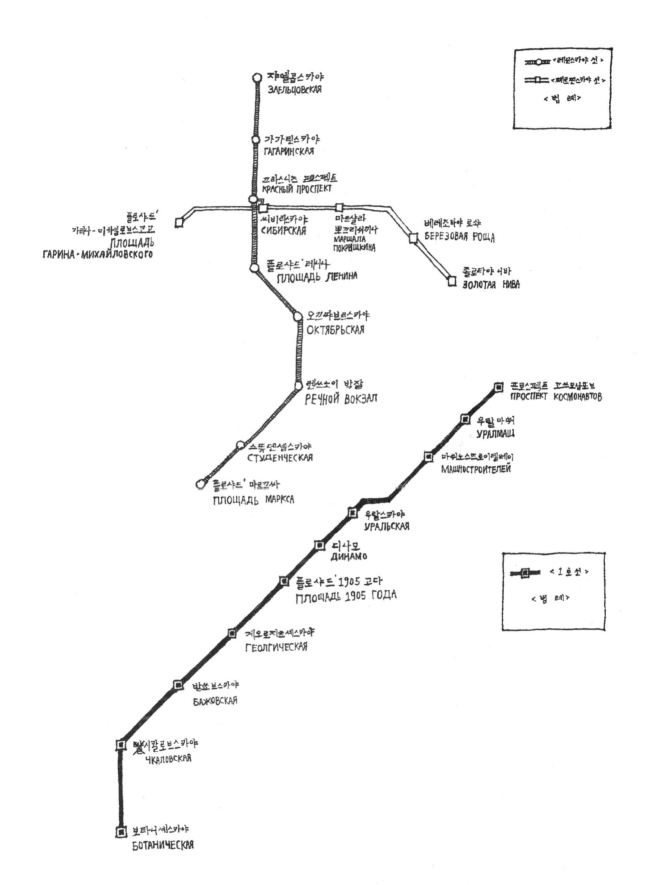

< 레일스카야 선 >

< 페로친스카야 선 >

< 범 례 >

자옐콥스카야
ЗАЕЛЬЦОВСКАЯ

가가린스카야
ГАГАРИНСКАЯ

끄라스늬 쁘로스펙트
КРАСНЫЙ ПРОСПЕКТ

쁠로샤드'
가리나-미하일롭스꼬고
ПЛОЩАДЬ
ГАРИНА-МИХАЙЛОВСКОГО

씨비르스카야
СИБИРСКАЯ

마르샬라
뽀끄릐쉬끼나
МАРШАЛА
ПОКРЫШКИНА

베레조바야 로샤
БЕРЕЗОВАЯ РОЩА

졸로타야 니바
ЗОЛОТАЯ НИВА

쁠로샤드' 레니나
ПЛОЩАДЬ ЛЕНИНА

옥짜브르스카야
ОКТЯБРЬСКАЯ

리츠노이 박잘
РЕЧНОЙ ВОКЗАЛ

스뚜덴체스카야
СТУДЕНЧЕСКАЯ

쁠로샤드' 마르끄사
ПЛОЩАДЬ МАРКСА

쁘로스펙트 꼬쓰모납또브
ПРОСПЕКТ КОСМОНАВТОВ

우랄 마쉬
УРАЛМАШ

마쉬노스뜨로이뗼레이
МАШИНОСТРОИТЕЛЕЙ

우랄스카야
УРАЛЬСКАЯ

디나모
ДИНАМО

쁠로샤드' 1905 고다
ПЛОЩАДЬ 1905 ГОДА

게오르지츠셰스카야
ГЕОЛГИЧЕСКАЯ

반쇼브스카야
БАЖОВСКАЯ

치칼로브스카야
ЧКАЛОВСКАЯ

보타니체스카야
БОТАНИЧЕСКАЯ

< 1호선 >

< 범 례 >

КАРТА МЕТРО ЕКАТЕРИНБУРГ
예카테린부르크 지하철 노선도

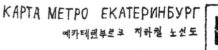

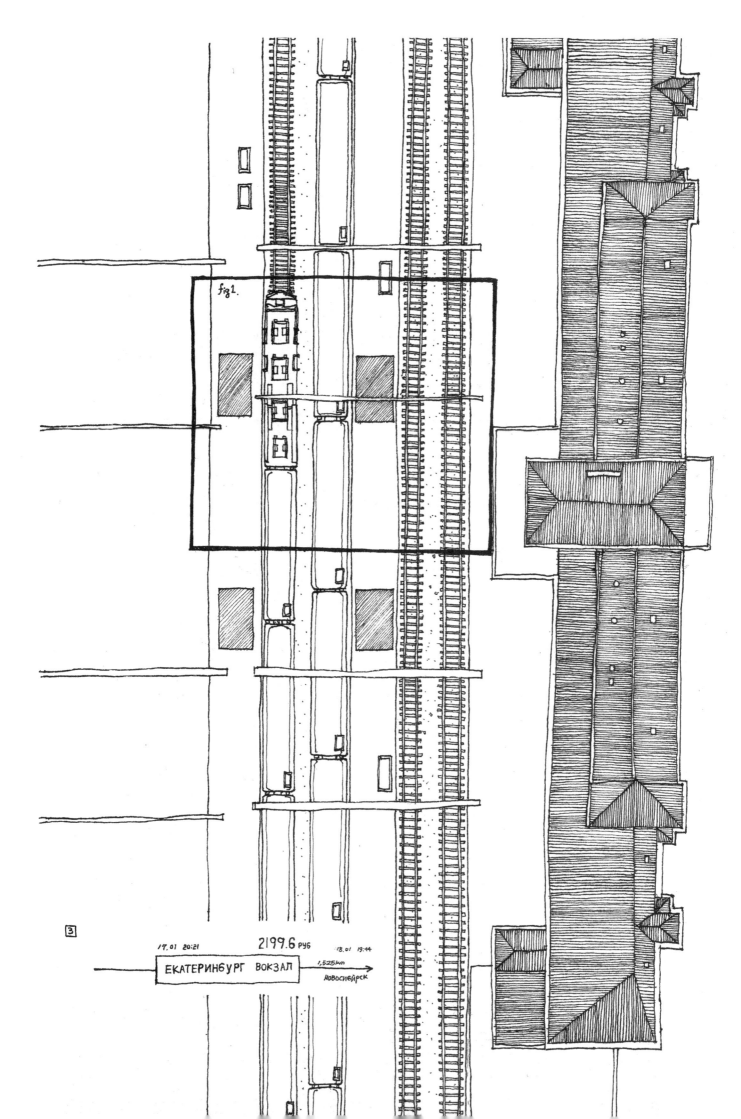

fig 1.

3

17.01 20:21   2199.6 руб   18.01 19:14

ЕКАТЕРИНБУРГ ВОКЗАЛ →

1,525 km
НОВОСИБЙРСК

fig 1.

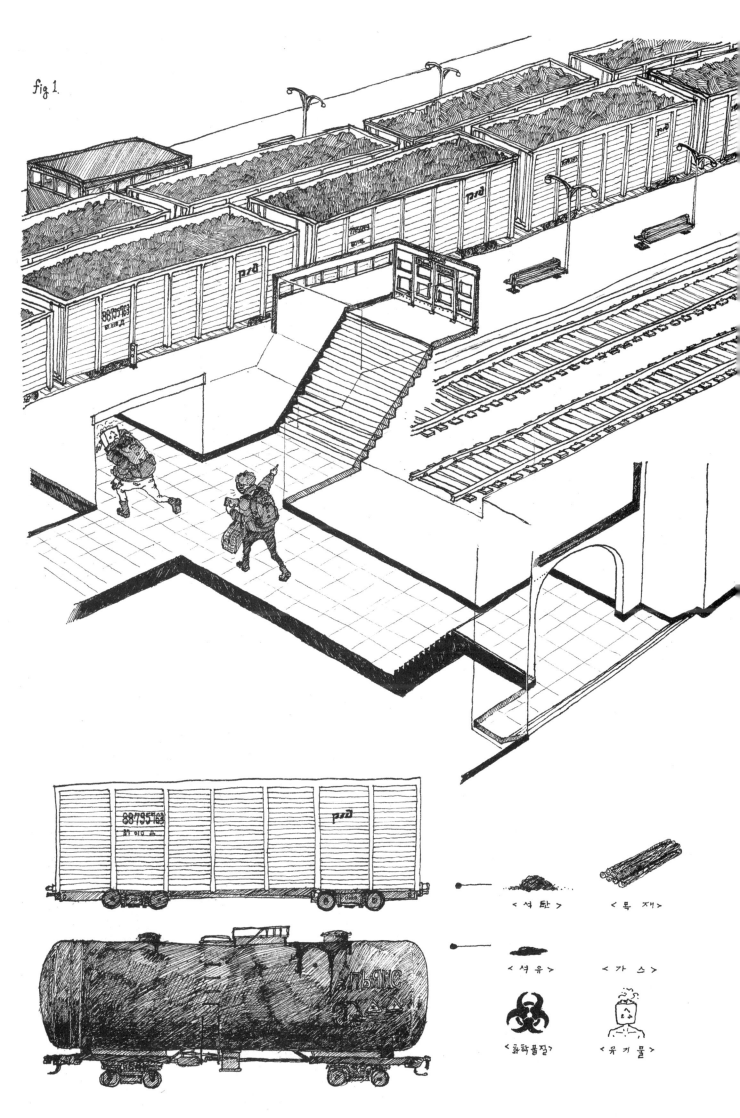

< 석 탄 >   < 목 재 >

< 석 유 >   < 가 스 >

< 화학물질 >   < 유 기 물 >

그렇게 한 시간을 더 걸어다녔다.

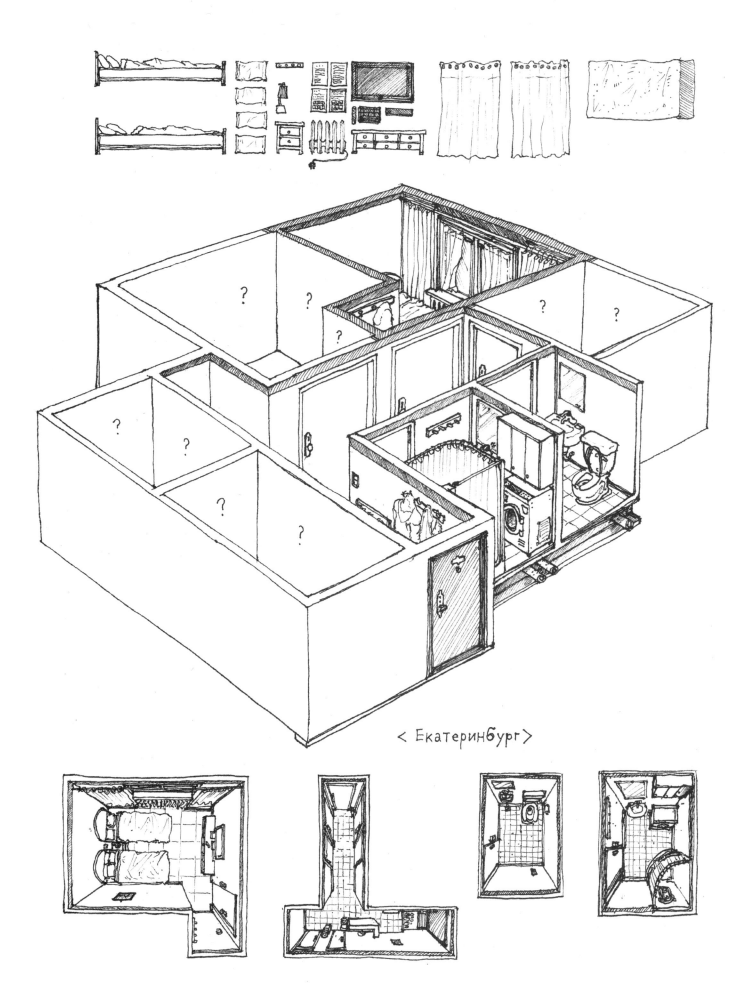

< Екатеринбург >

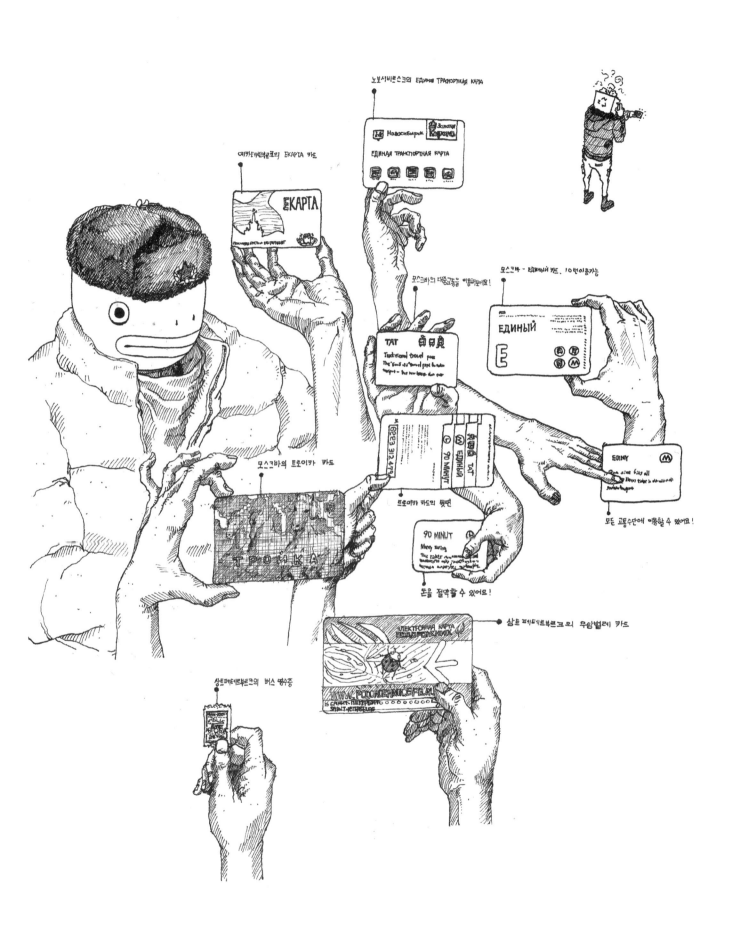

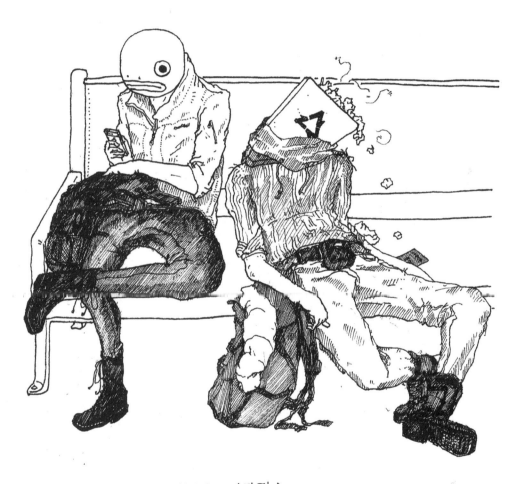

< 환승을 기다림 >

< ТАБАК МАГАЗИН >

< союз APOLLO >

< МАКСИМ >

< MARLBORO >

< РУССКИЙ СТИЛЬ >

< SOBRANIE >

< ОПТИМА >

< RICHMOND >

< ПЁТРІ >

< СССР >

< БАРС >

< ДОНСКОЙ ТАБАК >

< КОСМОС >

< ЗВЕЗДА >

< СТОЛИЧНЫЕ >

< ARMADA >

< РОСТОВСКИЕ >

< ASMOLOFF >

< МАРКА >

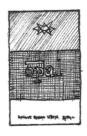

< OPAL >

< БАМ >

초등학교 때, 나는 '사회과 부도'교과서를 제일 좋아했다. 종종 시간이 날 때마다 책 속에 있는 지도를 구경하며 시간을 때웠던 기억이 난다. 노보시비르스크는 그 때 인상깊게 보았던 도시들 중 하나였다. 이름도 발음하기 생소했고 위치도 이상한 곳에 붙어있는데, 묘하게 굵은 글씨에 책을 절철 때마다 항상 눈에 잘 띄어 괜히 거슬리는 곳이었다. 그렇게 책에서나 구경할 수 있었던 곳을 실제로 와보게 되어 기분이 묘했다. 다만 이곳에 딱히 볼 거리가 많진 않았는데, 애초에 예상했던 것도 '여기에 뭐 특별한 무언가가 있을 것 같진 않은데..' 정도의 선에서 머물러 있었기 때문에 적당히 담담한 마음으로 도시를 둘러볼 수 있었던 것 같다.

묵었던 게스트하우스는 본도가 구불구불 미로처럼 되어 있는 신기한 곳이었다. 방에 창문이 없어서 조금 답답했지만, 여행이 중반부에 접어들면서 슬슬 여행 예산이 줄어드는 것이 눈에 보이기 시작해선지 괜히 이 방도 나쁘진 않다고 생각을 고쳐먹어보았다.

게스트하우스에서 어떤 러시아인 2명과 친해졌다. 같이 왁자지껄 떠들며 보드카를 퍼마신 것 까지는 기억이 나는데 그 뒤가 기억이 나질 않았다. 온몸이 얻어맞은 듯 뻐근한 것이 술이 취해 난장판을 벌인 모양이었다.

핸드폰에 찍힌 사진을 열어보니 잔뜩 흔들린 사진들이 가득했다. 오밤중에 눈싸움을 꽤나 열심히 한 듯 하다. 술취한 배력이 눈밭을 구르는 사진도 있었다. 뜬금없고 어이없는 경험이어서 좋았다.

술을 깨느라 반나절을 보내고 해가 뉘엿뉘엿 저물쯤 숙소에서 나와 도시를 구경했다. 러시아에서 두번째로 길다는 '오브 강'도 구경했다. 강폭은 한강 정도로 넓은데 양편이 숲으로 되어 있어 상당히 기묘하고 음씨년스러운 분위기가 났다. 한참 동안 강바람을 많고 나니 몸이 으슬으슬 추워져 적당한 식당에 들어가 홀란카에 맥주 한 잔을 주문했다. 술이 좀 들어가니 몸도 뜨뜻해지고 기분이 좋았다.

볼쇼이 극장 앞에서 사진도 몇장 찍었다. 뜬금없이 근처에서 중국어가 들려왔다. 단체 관광객 같았다. 정말이지 중국언은 세계 어딜 가도 있는 것 같다.

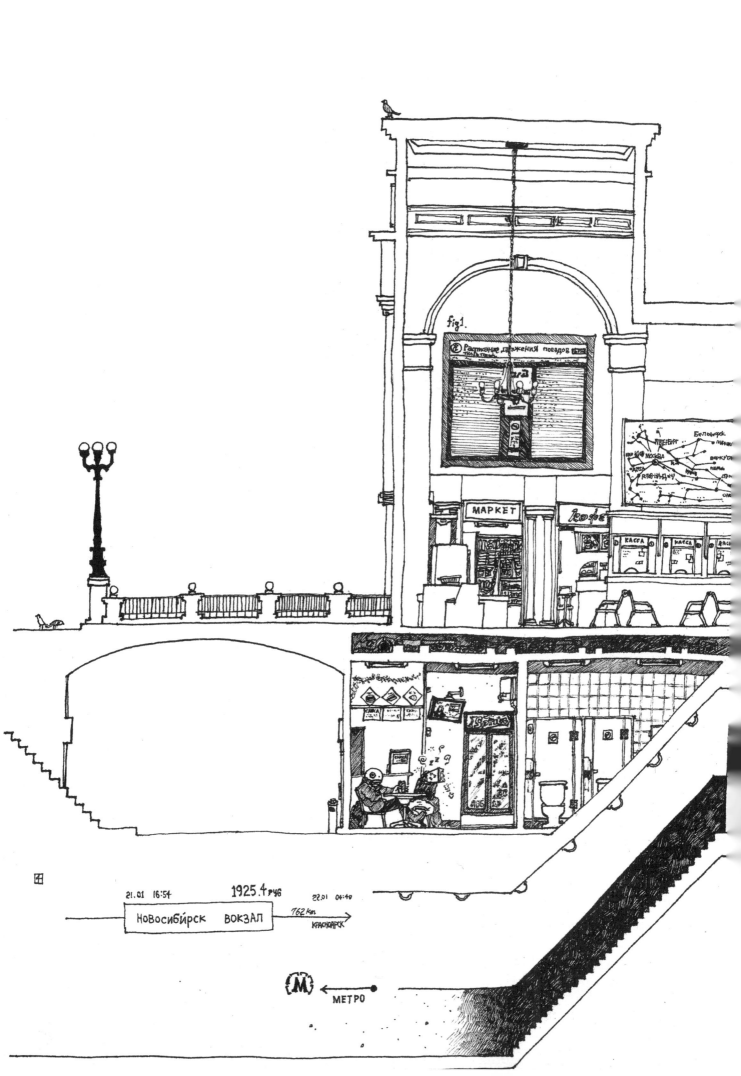

fig 1.

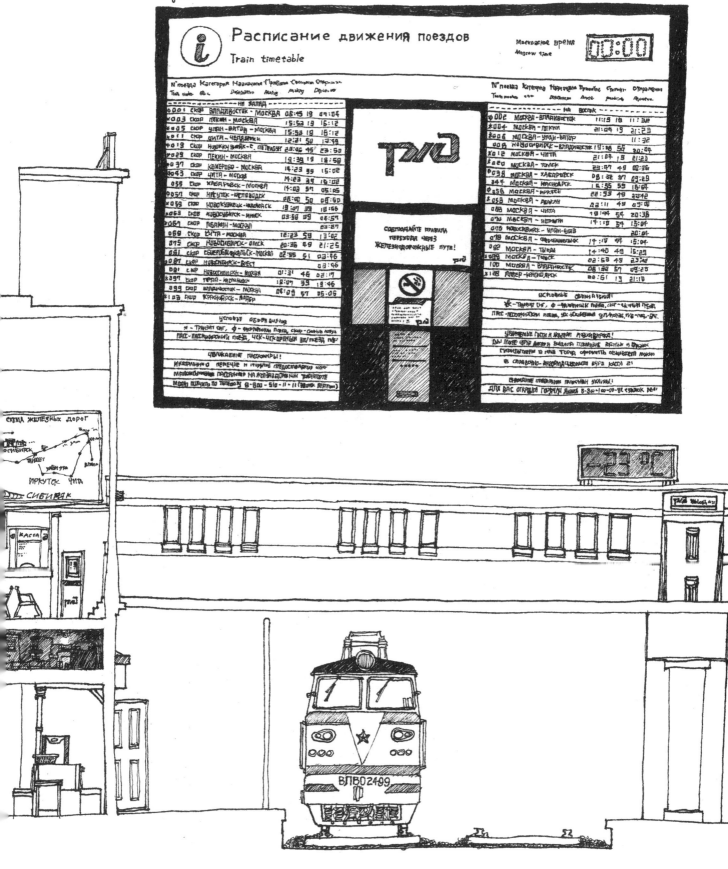

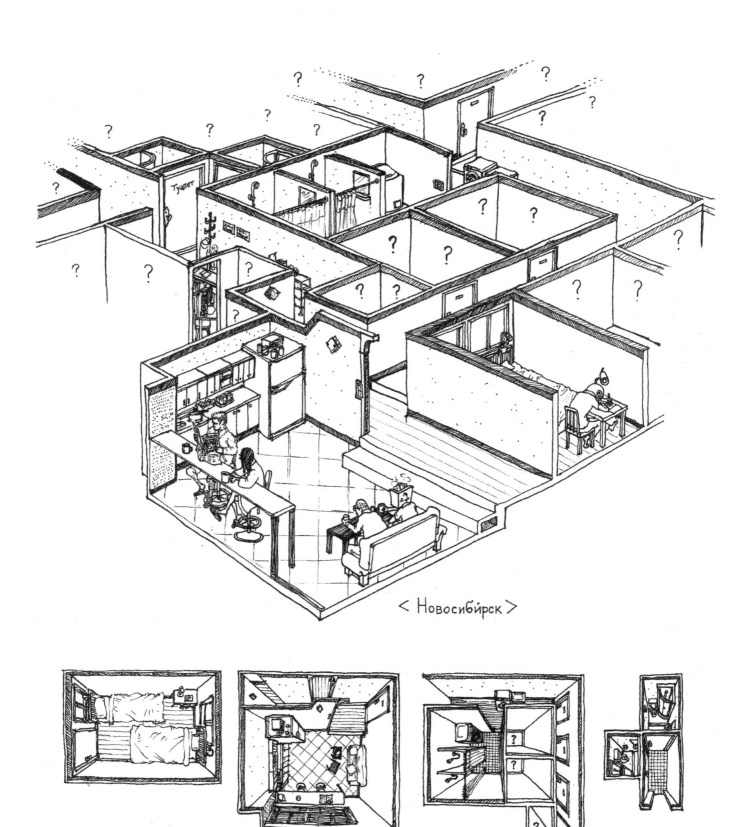

< Новосибирск >

3시간 후

< 씨베리아 낙엽송 >　　　< 자작나무 >　　　< 신갈나무 >

< 가문비나무 >   < 상수리나무 >   < 측백나무 >

이틀 되니 구간별로 36시간정도 걸리는 거리 정도는 우습게 타게 되었다. 기차에서 지루한 느낌도 어느 정도 적응하게 되어 능숙하게 달리는 기차 안에서도 밀린 일기를 쓰거나 기차 안의 사람들과 바디랭귀지로 의사소통을 하며 시간을 냈다. 날씨가 날씨인지라, 기차 객실 난방에 꽤나 신경을 쓰는 모양이다. 객실안에서는 거의 반팔 차림으로 있어도 될 정도로 온도가 후끈후끈한 편이었다. 그래도 바깥과 닿는 유리창 부분은 매우 차가웠고 해가 들지 않는 방향의 창틀에는 거대하게 얼음이 맺혔다. 열차의 한쪽 끝에 온수를 받을 수 있는 정수기가 있어서 차나 라면을 끓여먹을수 있었다. 씨베리야 벌판 위를 달리는 기차에서 마시는 차의 향기가 꽤나 낭만적이었다.

크라스노야르스크는 앞서 방문한 노보시비르스크보다도 더 밋밋해보이는 곳이었다. 여행 계획을 세울 때도 특별히 이곳에 뭘 보러 간다기보다 씨베리야 횡단열차 노선 상 중간에 쉴 곳이 필요해서 이 곳에 머무르기로 한 요인이 더 크기도 했다. 그래도 기왕 가기로 한 이상 부랴부랴 가볼 만한 곳이 있는지 검색을 시도해보았다. 그 중 흥미가 있었던 곳은 기암괴석 으로 유명하다는 '스톨비 국립공원' 이었다.

나와 배련은 이곳에 가보기로 하고 느릿느릿 발걸음을 옮겼다. 버스를 몇 번이나 갈아탄 끝에 겨우 목적지에 갈 수 있었다. 운좋게도 관광사무소 같은 곳을 발견하여 이곳에 대한 설명을 조금 들을 수 있었다.

산 중턱에서 씨베리야 타이가 숲을 잘 볼 수 있다는 말을 듣고, 옆에 있던 스키장 리프트를 탔다. 당시 기온이 영하 25도 정도 되었다. 엉덩이가 얼어버릴 뻔 했다. 영하 20도가 넘어가면 코로 숨을 들이쉴 때 순간적으로 콧털이 어는 느낌 이 드는데, 그 느낌이 나쁘지 않다. 우여곡절 끝에 등장한 스톨비 국립공원 숲의 모습은 기대이상이었다. 저런 눈보라 속에 뼈대만 남은 거대한 자작나무 숲이 저 멀리까지 빽빽히 펼쳐졌다. 오래 잊지 못할 광경이었다.

더 오래 있고 싶었지만 점점 해가 뉘엿뉘엿 지고 있어서 황급히 산에서 내려왔다.

여담이지만, 10 루블 지폐의 뒷면이 크라스노야르스크의 모습이라고 한다.

ВОКЗАЛ

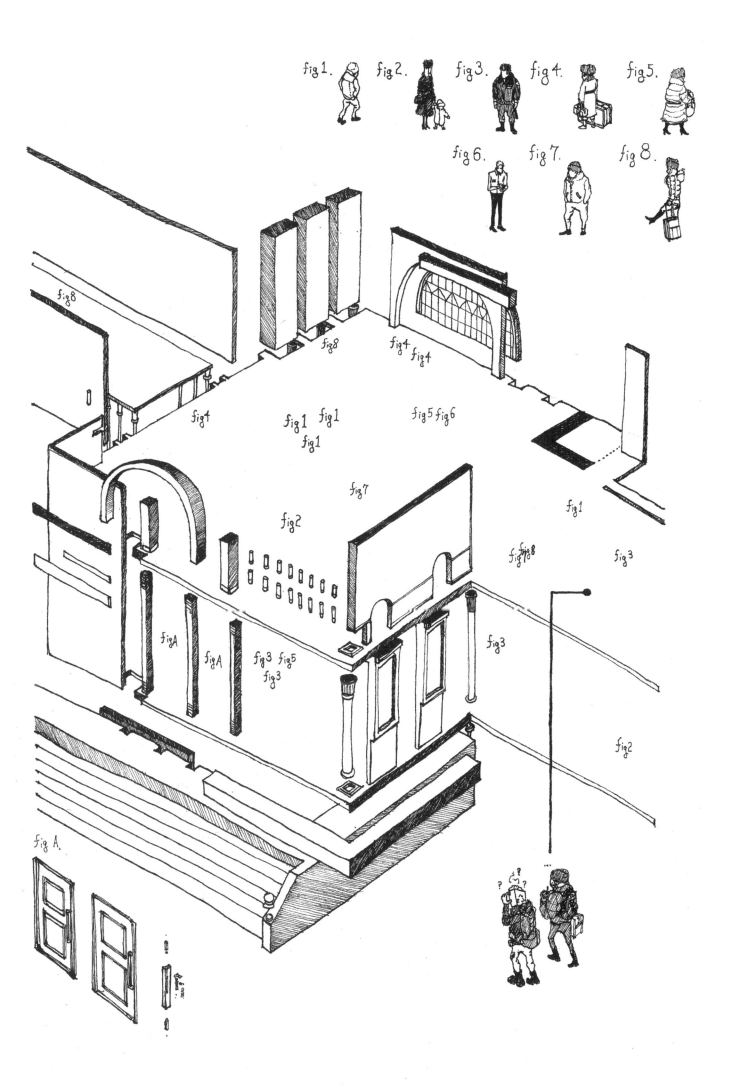

fig 1.   fig 2.   fig 3.   fig 4.   fig 5.

fig 6.   fig 7.   fig 8.

fig 8

fig 8

fig 4 fig 4

fig 4

fig 1 fig 1
fig 1

fig 5 fig 6

fig 7

fig 1

fig 2

fig 8
fig 8

fig 3

fig A

fig A

fig 3 fig 5
fig 3

fig 3

fig 2

fig A.

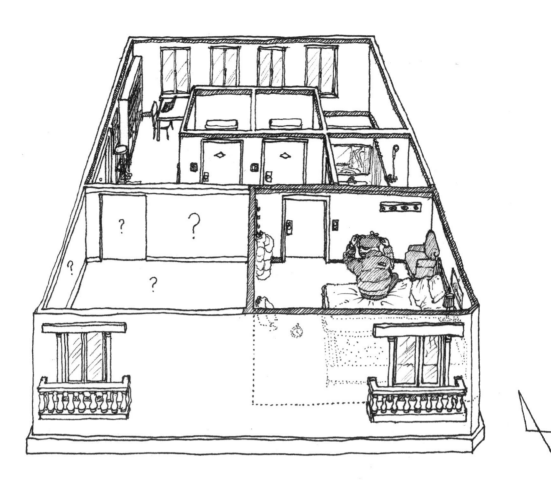

< Красноярск >

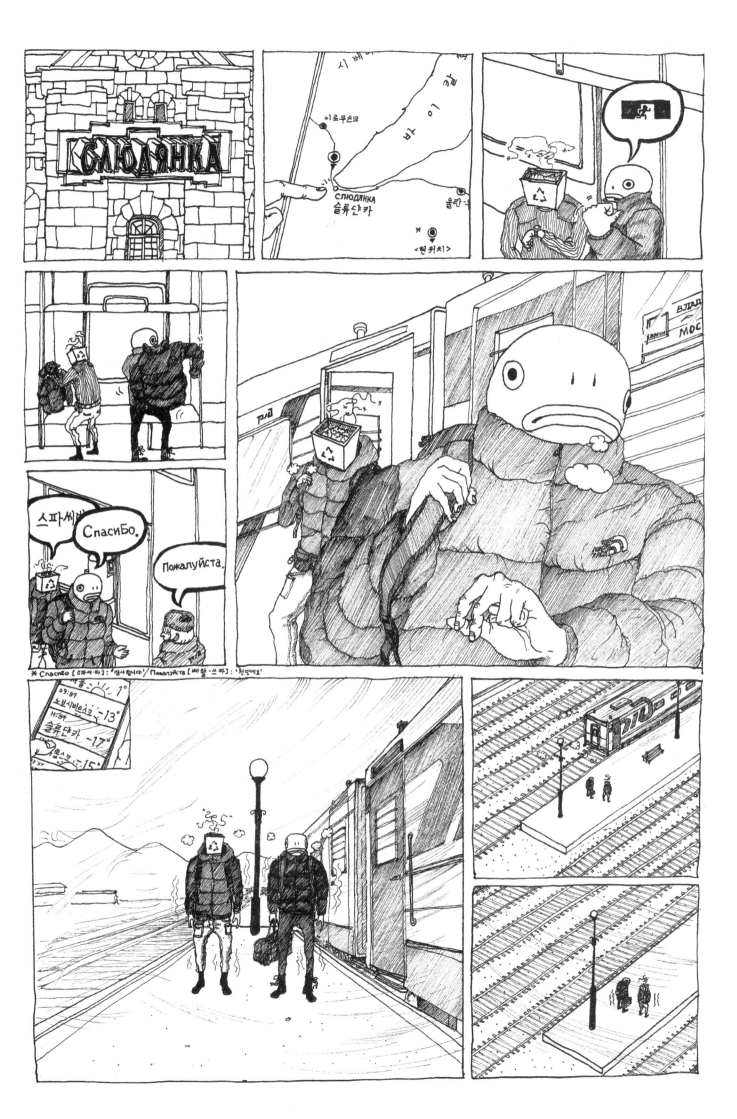

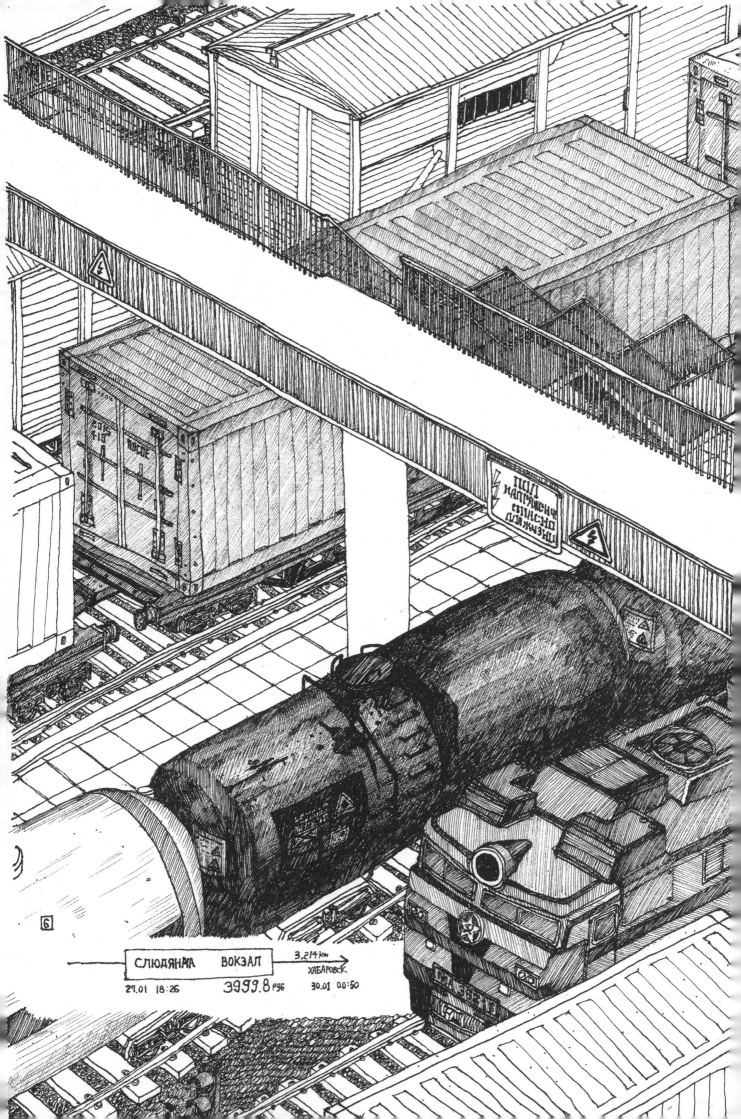

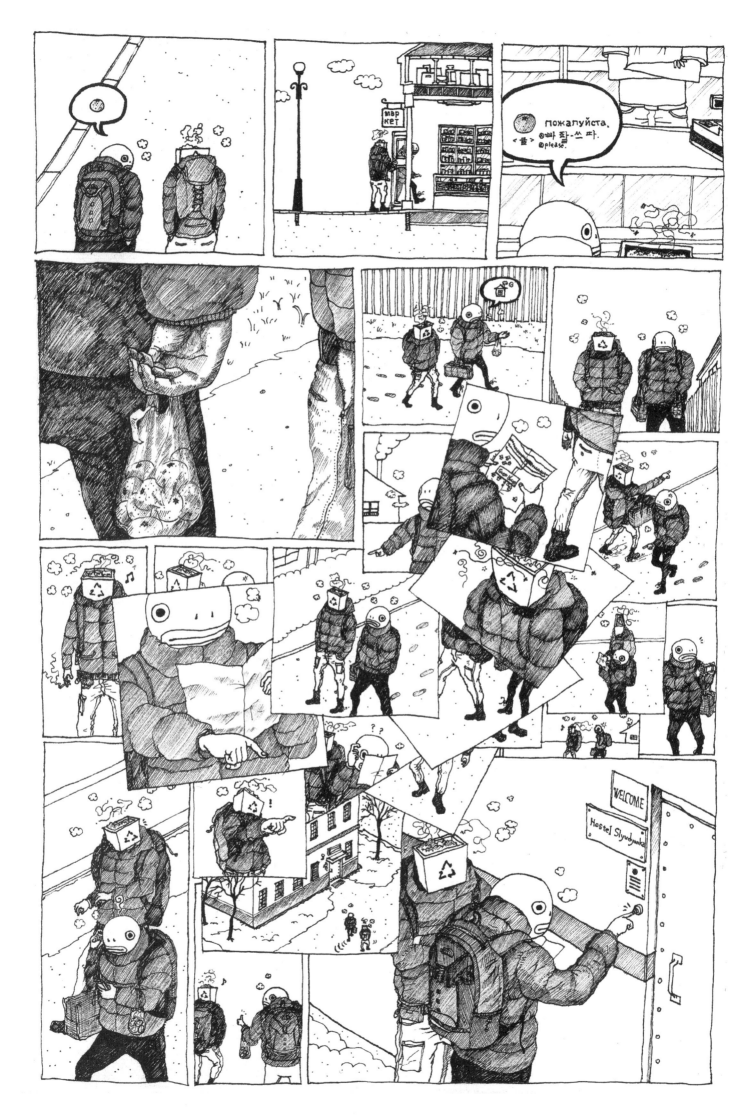

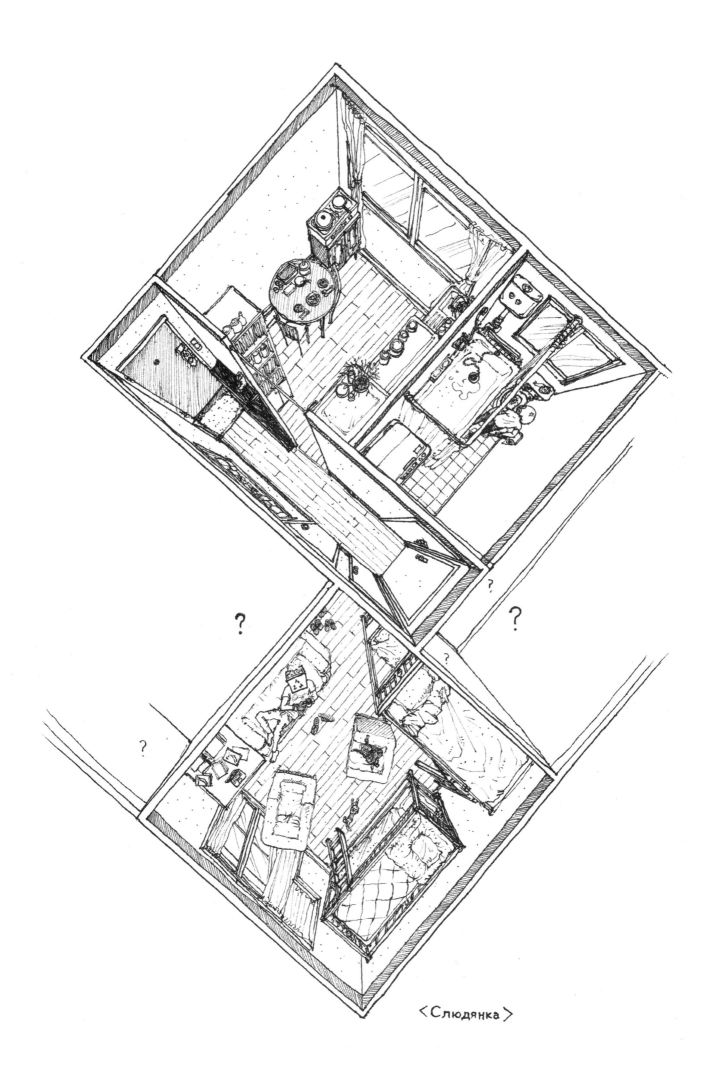

⟨ Слюдянка ⟩

바이칼 호

바이칼 호수(러시아어 : Óзеро Байкáл, 부랴트어 : Байкал Далай, 몽골어 : Dalai-Nor, 문화어 : 바이깔 호)는 러시아의 씨베리아 남쪽에 있는 호수로, 북서쪽의 이르쿠츠크 주와 남동쪽의 부랴트 공화국 사이에 자리 잡고 있다. 남쪽에는 '톱스굴'이 있으며, 현지인들은 두 호수를 자매 호수라 부른다. 유네스코 세계유산이며, 이름은 타타르어로 "풍요로운 호수"라는 뜻의 '바이쿨'에서 왔다. 약 25,000,000 ~ 30,000,000년 전에 형성된 지구에서 가장 오래되고, 가장 큰 담수호(淡水湖)이다.

이름	한글	바이칼 호
	영어	Lake Baikal
	프랑스어	Lac Baïkal
국가·위치	러시아 이르쿠츠크, 부랴트 공화국	
등재유형	자연유산	
등재연도	1987년	
등재기준	(vii), (viii), (ix), (x)	
지점번호	754	

바이칼 호의 가장 큰 섬인 올혼 섬
(돈이 없었기 때문에 가지 못함)

나라	🇷🇺 러시아 · 몽골 (유역)
도시	이르쿠츠크
섬	27개 (가장 큰 섬 : 올혼 섬)
위치	러시아의 씨베리아 남쪽 북서쪽의 이르쿠츠크 주와 남동쪽의 부랴트 공화국 사이
- 좌표	• 북위 53°30' 동경 108°12'
유형	열곡호(裂谷湖)
유입	셀렝가 강·치코이 강·키로크강·오카 강· 바르구진 강·베르흐나야안가라 강
유출	안가라 강
길이	636 km (395 mi)
너비	79 km (49 mi)
고도	455.5 m (1,494 ft)
수심	
- 평균	744.4 m (2,442 ft)
- 최대	1,642 m (5,387 ft)
수량	23,615.39 km³ (833,970 kcuft)
면적	
- 표면	31,722 km² (12,248 sq mi)
- 유역	560,000 km² (216,217 sq mi)
둘레	2,100km (1,305 mi) (둘레는 그 정의가 다소 불명확하다)
체류 기간	330년*
결빙	1月 ~ 5月

*:물이 바이칼 호에서 체류하는 평균 기간.

※ 레퍼런스 : 위키백과 : '바이칼호'/ 나무위키 : '바이칼 호'

■ 생물 다양성

생물 다양성에서 바이칼 호에 비길 만한 다른 호수는 없다. 852개의 종과 233개 변종의 조류와 1,550여 종의 동물이 살고 있으며, 이 중 60% 이상이 고유종이다. 어류의 경우 52종 중 27종이 '오물(омуль)'*처럼 고유종이다. '바이칼물범'**과 같은 물범 종류도 서식하고 있으며, 주변에 곰과 사슴도 나타난다.

〈오믈〉 〈바이칼물범〉 〈곰〉 〈사슴〉

* 오믈

오믈(러시아어 : омуль)은 바이칼호에 서식하는 연어와 비슷한 물고기이다.
오믈은 바이칼 호에 서식하는 다른 물고기와 마찬가지로, 바이칼 호의 주요 수입원이며, 오믈의 알로 특히 진미로 먹어진다.
훈제로 만든 오믈은 씨베리아 횡단열차를 타는 여행자들에게 별미이지만, 그 숫자가 계속 감소하여 멸종위기 동물로 지정되었고 현재는 허가된 사람만이 잡을 수 있다.

** 바이칼 물범

바이칼물범(Nepra, Baikal Seal)은 바이칼호에만 사는 물범이다.
서식지가 바다에서 많이 떨어져있기 때문에 이들이 어떻게 바이칼 호에 도달했는지는 아직까지 의문이다. 가설에 의하면 빙하기에 북극해와 호수가 이어졌을 때 올라온 것이라고 한다.
카스피물범처럼 북극의 고리무늬 물범과 관련이 깊다. 현재 총 개체수는 60,000 마리 이상으로 추산된다.

훈제 오믈
(먹어보고 싶음)

학명	Coregonus autumnalis migratorius
보전상태	위기(EN: endangered)
생물분류 계 문 강 목 과 속 종 아종	동물계 척삭동물문 조기어강 연어목 연어과 Coregonus C. autumnalis 오믈(omyль)

바이칼물범
(보고 싶었는데 못봄)

학명	Pusa sibirica (Gmelin, 1788)
보전상태	관심대상(LC), IUCN3.1
생물분류 계 문 강 목 아목 상과 과 속 종	동물계 척삭동물문 포유강 식육목 개아목 기각상과 물범과 고리무늬물범속 바이칼물범

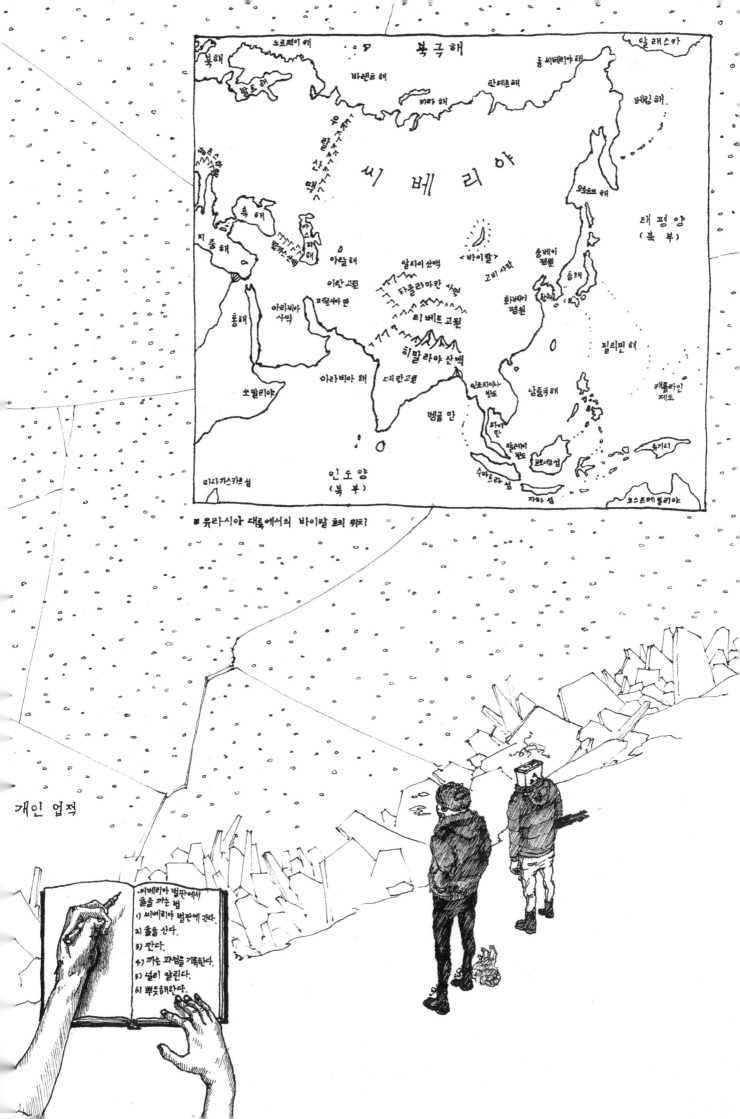

슬류단카에서 하바롭스크까지의 거리는 상당했다. 이제껏 나름대로 장거리 노선에 익숙해졌다고 생각했지만, 55시간동안 기차를 탔더니 온몸이 찌뿌둥했다. 아쉬운 대로 열차가 정차할 때마다 밖에 나와서 스트레칭을 했다.

하바롭스크는 한국과의 시차가 1시간 밖에 나지 나지 않는다. 처음 쌍뜨뻬쩨르부르끄에 도착했을 때 6시간의 시차에서부터 7시간의 표준시를 기차로 넘어온 것이다. 더불어 이 여행의 끝이 점점 다가오는 것이 보여서 기분이 조금 묘했다.

하바롭스크에는 아무르 강 (중국에서는 흑룡강 이라고 부른다)이라는 거대한 강이 흐른다. 내가 도착했을 때엔 강 전체가 얼어 그 위에 눈이 쌓여있었다.

강 드문드문 맨음이 튀어나온 부분에서 햇빛이 반사되어 강 전체가 반짝거렸는데 그 모습이 참으로 장관이었다.

강너머에 조그마한 섬이 하나 있었다. 강은 꽁꽁 얼어있기 때문에 왠지 걸어서 건너편 섬까지 왠지 가볼 수 있을 것 같아 무턱대고 강위를 걷기 시작했다. 하지만 얼마 지나지 않아 눈이 쌓인 곳이 허리 위까지 푹푹 빠지는 지점이 생겨 더이상 앞으로 나아갈 수 없었다. 설상가상으로 신발 속으로 눈이 들어가 하마터면 동상에 걸릴 뻔 했다. 지금 와서 떠올려보면 굉장히 위험천만한 상황이 아니었나 싶다.

여러모로 위험하고 힘든 아무르강 횡단 시도였지만 그곳에서 본 풍경 만큼은 정말 아름다웠다. 가까이에서 본 아무르강의 표면에 튀어나온 얼음들도 햇빛에 깎여 굉장히 뾰족하고 예리한 모양새를 하고 있어 굉장히 인상적이었다.

마치 외계 행성에 온 듯한 기분이었다.

7

01.02 07:53   1247.2 руб   01.02 20:17

ХАБАРОВСК ВОКЗАЛ   766km →
                     ВЛАДИВОСТОК

BOK

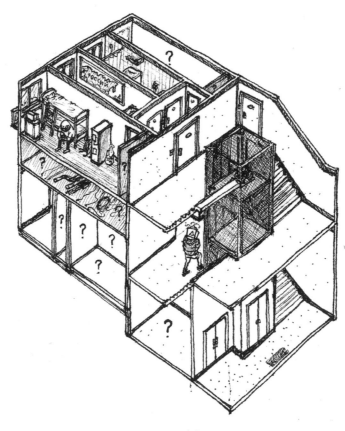

⟨Хабаровск⟩

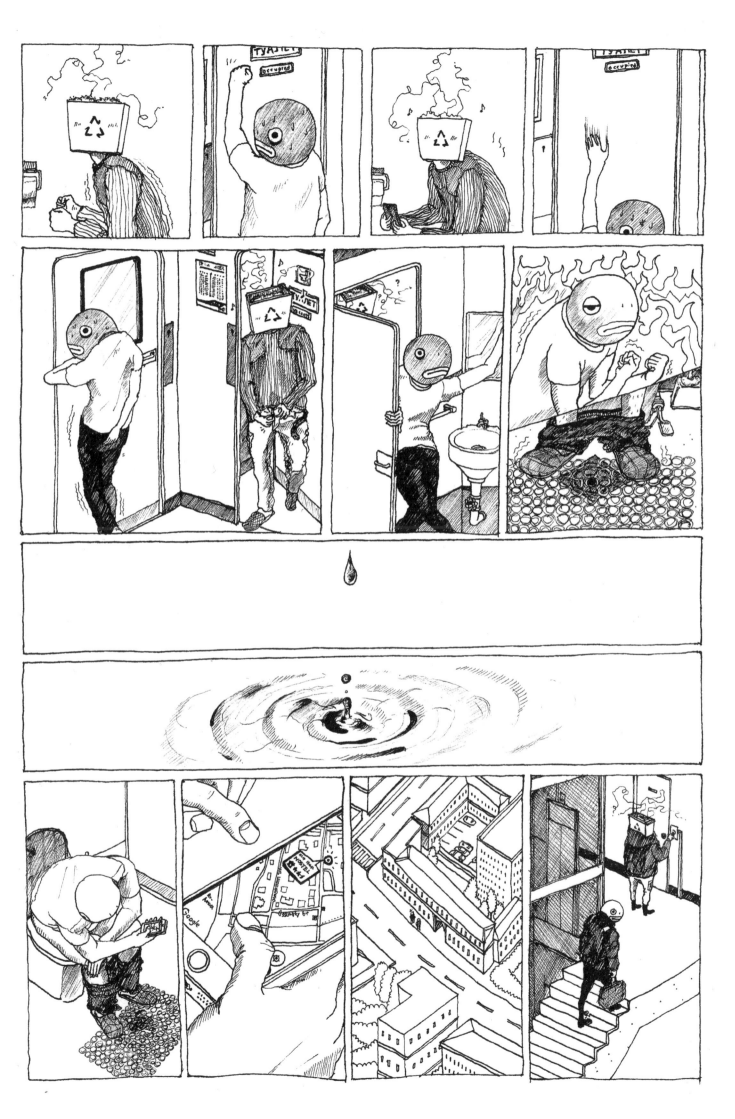

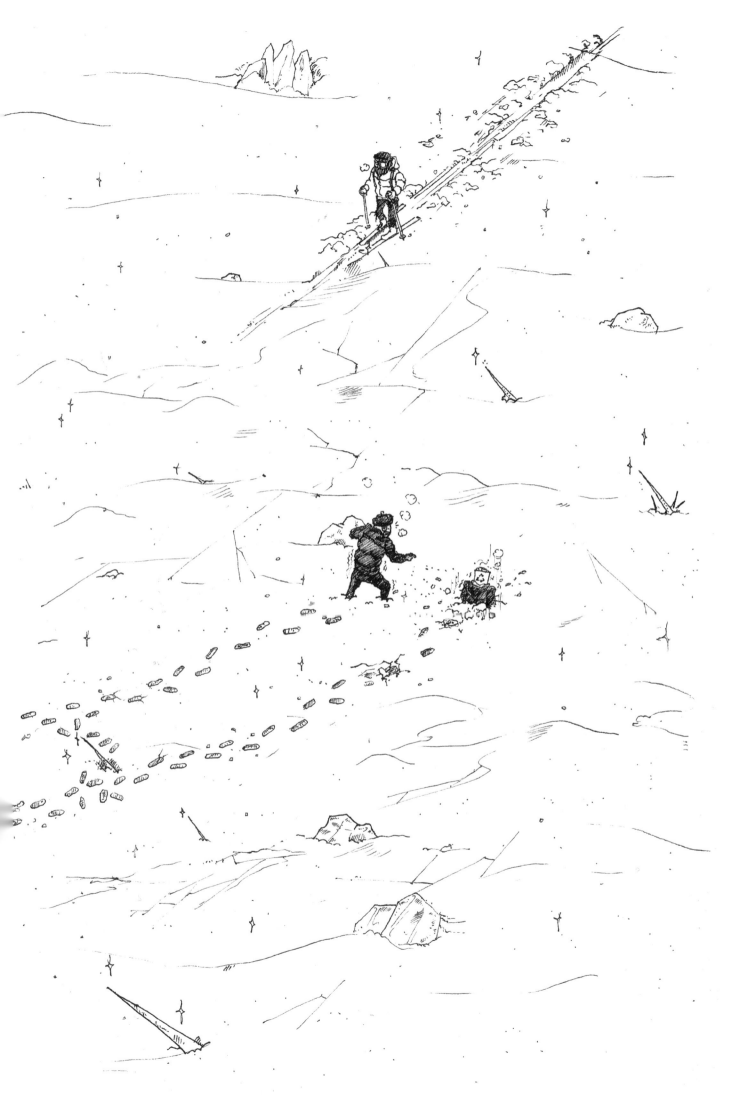

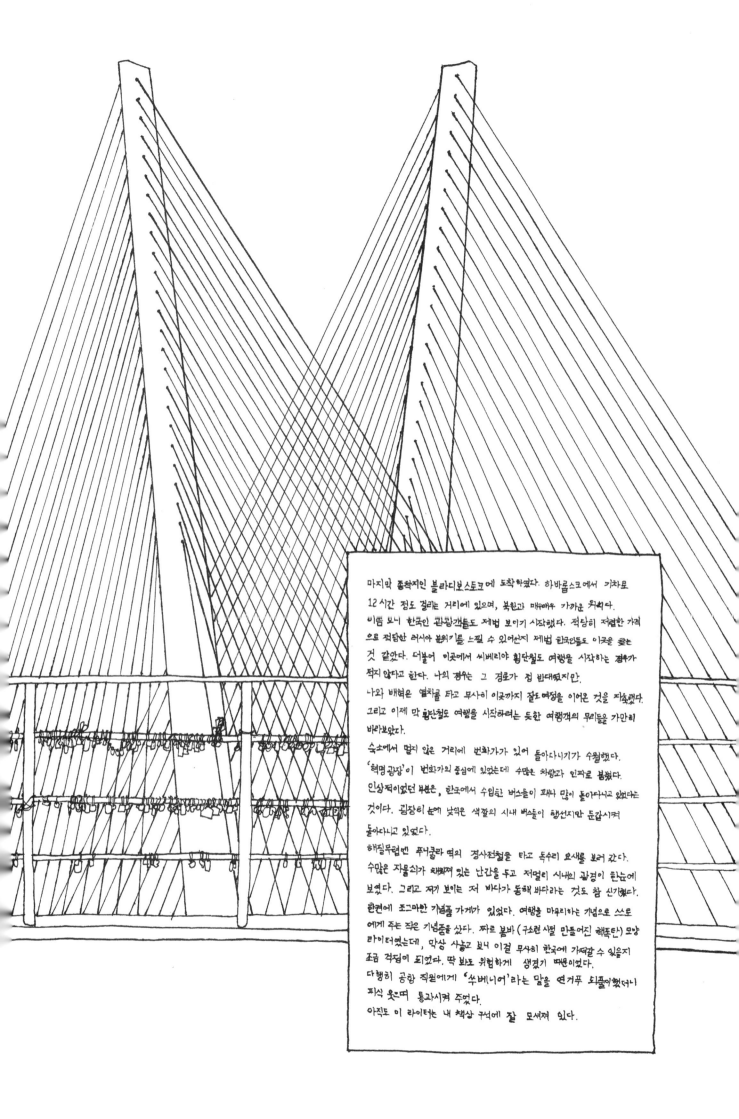

마지막 종착지인 블라디보스토크에 도착하였다. 하바롭스크에서 기차로
12시간 정도 걸리는 거리에 있으며, 북한과 매우 가까운 위치다.
이쯤 오니 한국인 관광객들도 제법 보이기 시작했다. 적당히 저렴한 가격
으로 적당한 러시아 분위기를 느낄 수 있어선지 제법 한국인들도 이곳을 찾는
것 같았다. 더불어 이곳에서 씨베리아 횡단철도 여행을 시작하는 경우가
적지 않다고 한다. 나의 경우는 그 경로가 정 반대였지만.
나와 배혁은 열차를 타고 무사히 이곳까지 짧은 여정을 이어온 것을 자축했다.
그리고 이제 막 횡단철도 여행을 시작하려는 듯한 여행객의 무리들을 가만히
바라보았다.
숙소에서 멀지 않은 거리에 번화가가 있어 돌아다니기가 수월했다.
'혁명광장'이 번화가의 중심에 있었는데 수많은 차량과 인파로 붐볐다.
인상적이었던 부분은, 한국에서 수입한 버스들이 꽤나 많이 돌아다니고 있었다는
것이다. 굉장히 눈에 낯익은 색깔의 시내 버스들이 행선지만 둔갑시켜
돌아다니고 있었다.
해질무렵엔 푸니쿨라 역의 경사전철을 타고 독수리 요새를 보러 갔다.
수많은 자물쇠가 채워져 있는 난간을 두고 저멀리 시내의 광경이 한눈에
보였다. 그리고 저기 보이는 저 바다가 동해 바다라는 것도 참 신기했다.
한켠에 조그마한 기념품 가게가 있었다. 여행을 마무리하는 기념으로 스스로
에게 주는 작은 기념품을 샀다. 짜르 봄바 (구소련 시절 만들어진 핵폭탄) 모양
라이터였는데, 막상 사놓고 보니 이걸 무사히 한국에 가져갈 수 있을지
조금 걱정이 되었다. 딱 봐도 위험하게 생겼기 때문이었다.
다행히 공항 직원에게 '쑤베니어'라는 말을 연거푸 되풀이했더니
피식 웃으며 통과시켜 주었다.
아직도 이 라이터는 내 책상 구석에 잘 모셔져 있다.

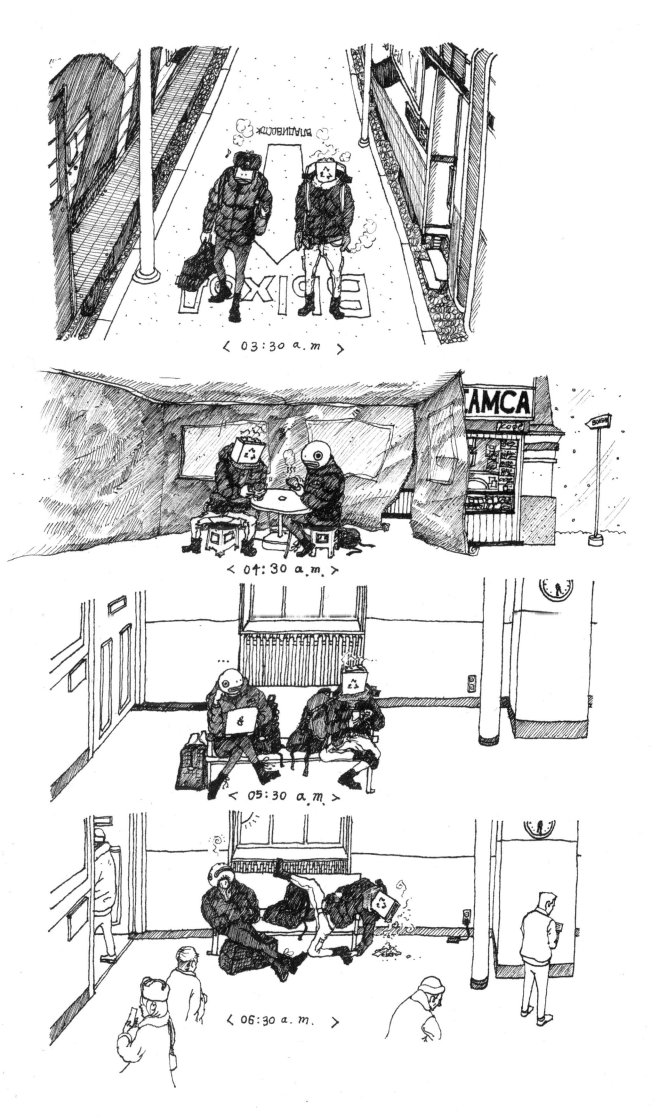

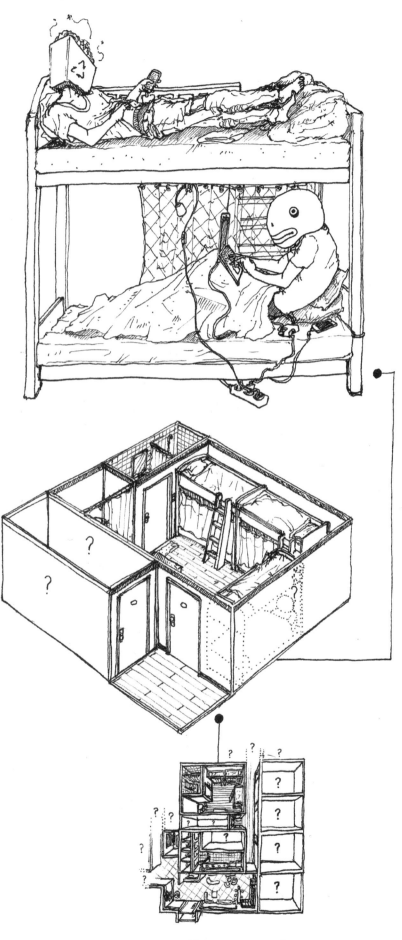

< Владивосток >

★ 기내식 - S7 AIRLINES (ECONOMY CLASS)

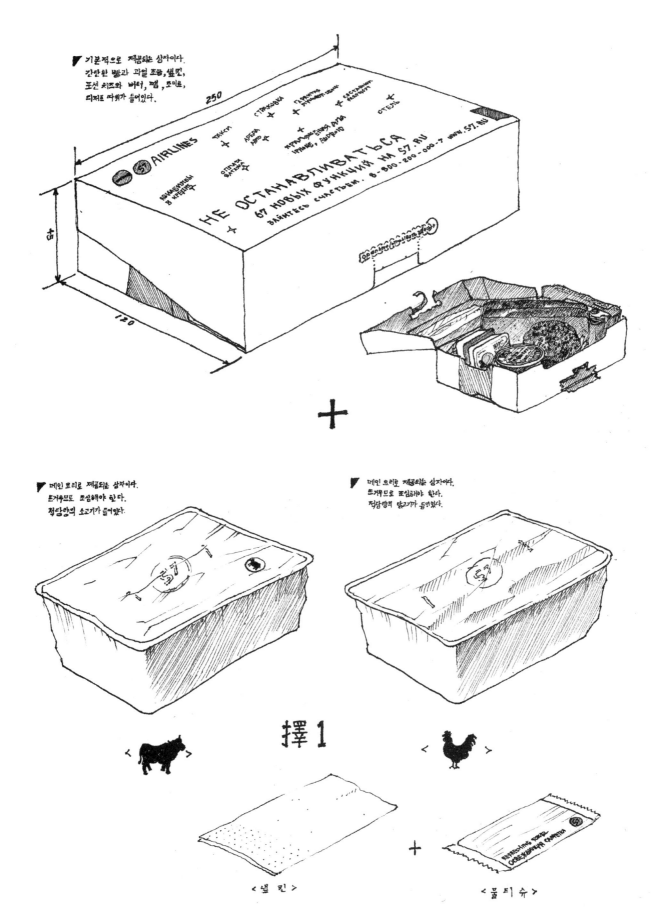

▮ 기본적으로 제공되는 상자이다.
간단한 빵과 과일 조림, 샐러드,
포션 치즈와 버터, 잼, 조미료,
디저트 따위가 들어있다.

▮ 메인 요리로 제공되는 상자이다.
뜨거우므로 조심해야 한다.
정량량의 소고기가 들어있다.

▮ 메인 요리로 제공되는 상자이다.
뜨거우므로 조심해야 한다.
정량량의 닭고기가 들어있다.

擇 1

< 냅 킨 >

< 물 티 슈 >

▶ 조합법

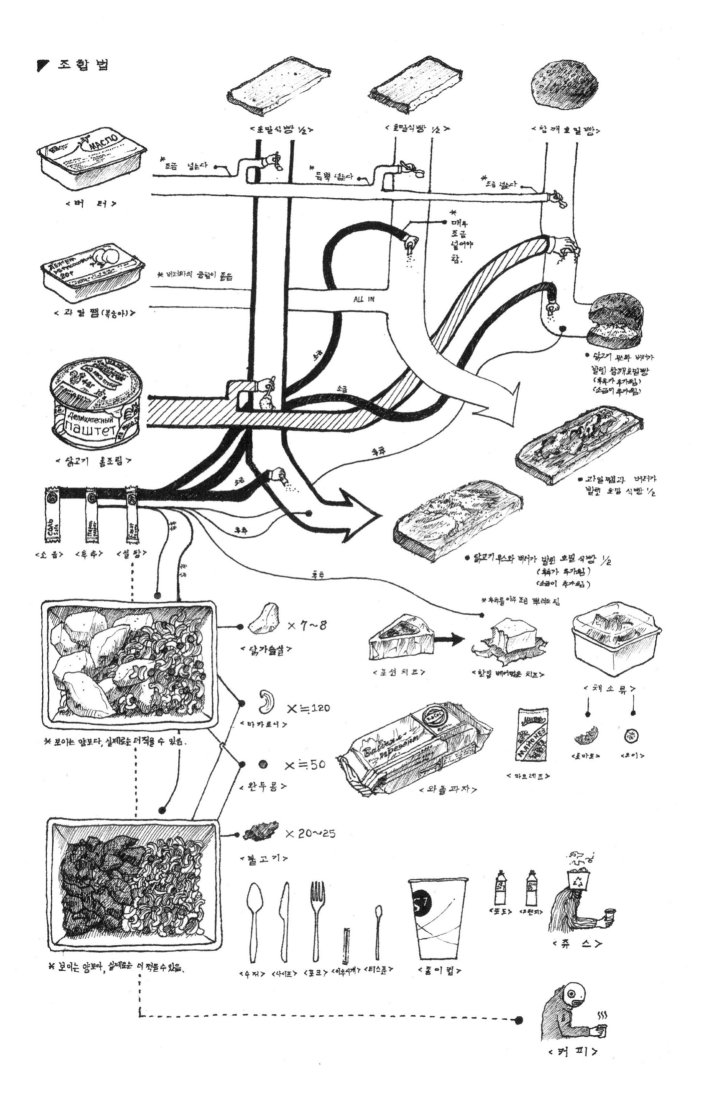

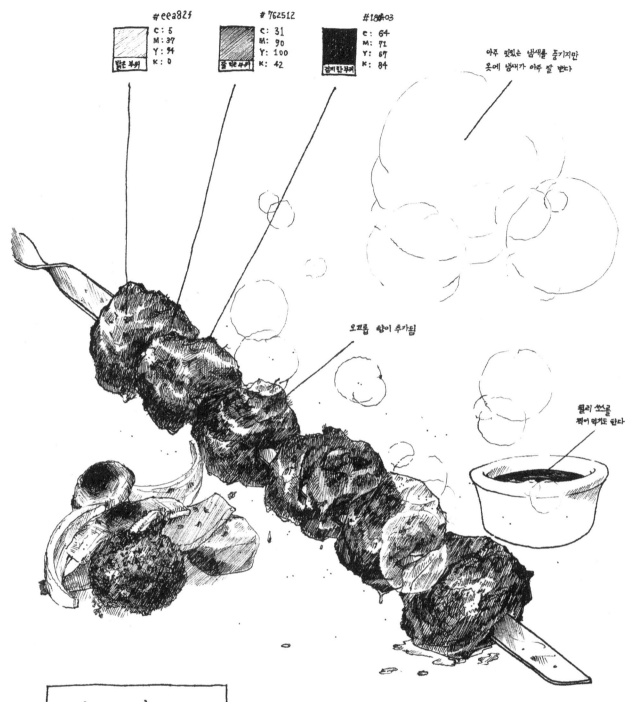

아주 맛있는 냄새를 풍기지만 옷에 냄새가 아주 잘 밴다

오프롬 향이 추가됨

딥 소스로 찍어 먹기도 한다

샤슬릭 Шашлык

러시아에서 '꼬치구이'라는 말로 쓰인다.
소고기, 양고기 등을 주로 사용하며
야채나 해산물도 추가되기도 한다.
그처럼 찌어진 고기들은 크기가 크고
뭉텅뭉텅한 주먹고기의 느낌이다.
그래서 포행이의 크기도 무지막지하게 큰 편이다.
엄밀히 말하자면, 샤슬릭은 전통적인 원조 러시아
요리는 아니지만 (뛰르크인을 비롯한 유목민들이
먹었다고 함) 러시아에서 인기가 매우 높아
가장 대중적으로 잘 소비되는 음식 중
하나라고 한다.
※ 터키 등지의 샤슬릭은 종교적 이유때문에
돼지고기가 없지만, 러시아에는 종종 보인다.

※ 조리 과정

1 재료(고기)를 각종 향신료로 양념한다.

2 냉장고에 넣어 숙성시킨다.

3 크기에 맞게 뭉텅뭉텅 잘라서 꼬챙이에 꿴다.

4 숯불에 잘 굽는다.

※ 샤슬릭의 재료들

<소고기> <닭고기> <양고기> <돼지고기>

<브로콜리> <썬 양파> <양송이버섯> <감자> <썬 피망>

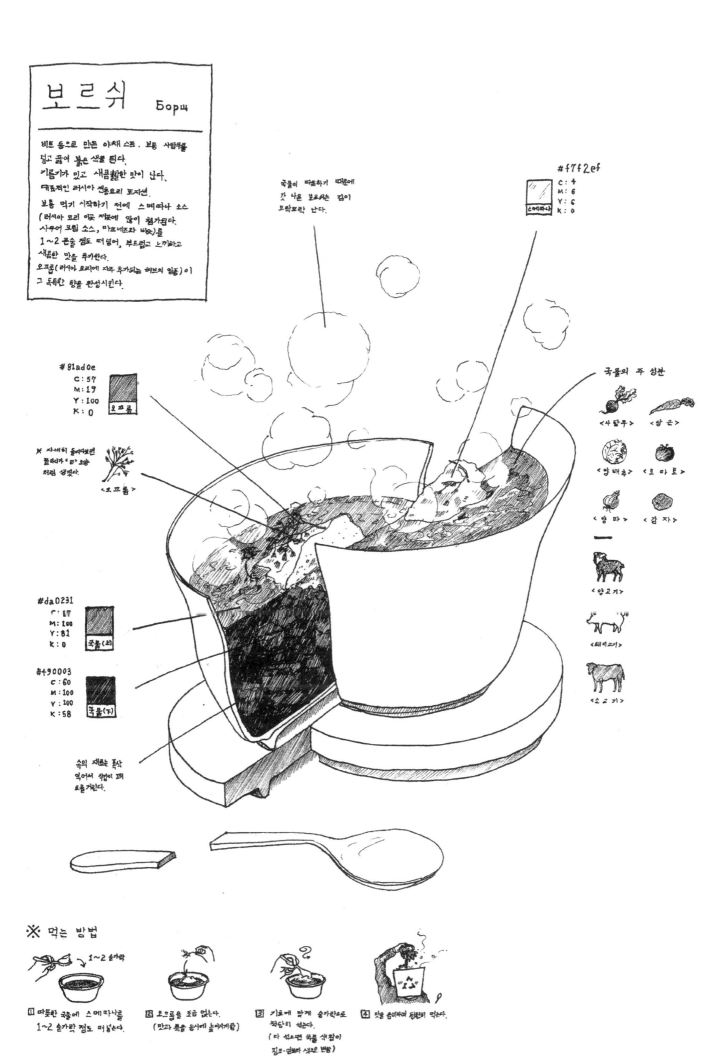

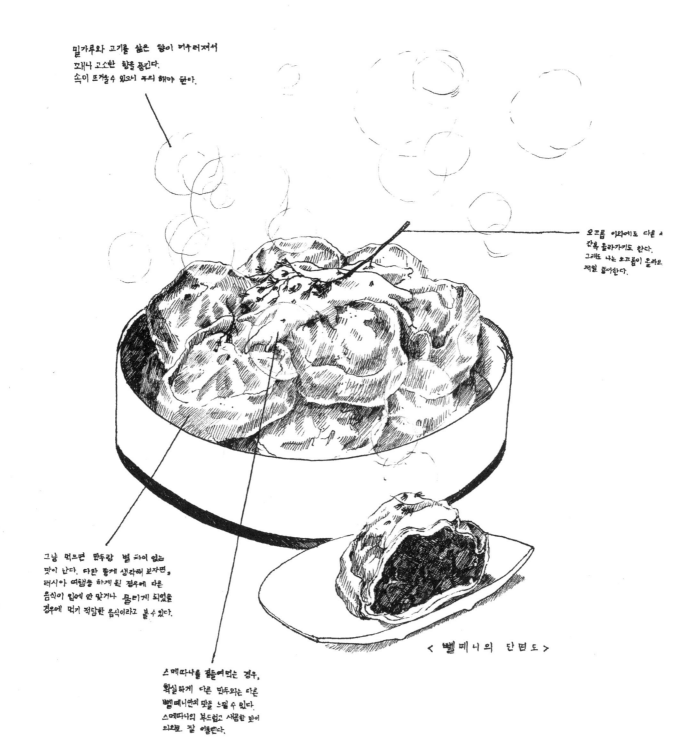

밀가루와 고기를 삶은 향이 머ㄹ어져서
꽤나 고소한 향을 풍긴다.
속이 뜨거울수 있으니 주의 해야 한다.

오끄롭 이외에도 다른 ㅅ
걋록 올라가기도 한다.
그래도 나는 오끄롭이 올라오
제일 좋아한다.

그냥 먹으면 만두랑 별 차이 없는
맛이 난다. 다만 함께 생각해 보자면,
러시아 여행을 하게 된 경우에 다른
음식이 입에 안 맞거나 물리게 되었을
경우에 먹기 적당한 음식이라고 볼수 있다.

스메따나를 곁들여먹는 경우,
확실하게 다른 만두와는 다른
뻴몌니만의 맛을 느낄 수 있다.
스메따나의 부드럽고 새콤한 맛이
의외로 잘 어울린다.

< 뻴몌니의 단면도 >

뻴몌니
Пельмень

러시아 스타일의 물만두 이다.
길거리에서도 쉽게 접할 수 있는, 대중적인
러시아 요리 중 하나다.
밀가루, 물, 계란을 반죽한 피에 다진
고기(돼지 or 양 or 소)+후추, 마늘, 양파를
섞어 만든 소를 넣어 만든다.
지역에 따라 고기 대신 버섯을 넣는 경우도
있다고 한다.
스메따나와 오끄롭이 높은 확률로
얹어져서 나온다.

#3b5500		#dad0b5		#d8cba1	
C : 72		C : 14		C : 16	
M : 43		M : 14		M : 16	
Y : 100		Y : 29		Y : 40	
K : 39		K : 0		K : 0	
오끄롭		스메따나		뻴몌니(피)	

#452500		#393f13		#b59437	
C : 49		C : 66		C : 29	
M : 71		M : 52		M : 38	
Y : 89		Y : 97		Y : 97	
K : 66		K : 55		K : 4	
속(고기부분)		속(야채부분)		국물	

살로　Сало

돼지비계살을 소금에 절여 숙성시킨 것이다.
빵 사이에 끼워먹거나 손가락 정도의 크기로
잘라서 보드카 안주로 먹기도 한다.
요리를 할 때 국물을 내는 용도로 쓰이기도 한다.
겉표면은 거무튀튀하게 말라 있어서, 돼지바 아이스
크림 껍질같이 생겼고 속은 익히지 않은 삼겹살처럼
생겼다.
실제로 먹어보면 적당히 짭짤하다고 느끼하며
도톰한 베이컨을 통째로 먹고 있는 기분이 든다.

보존식 답게,
적당히 미지근한 상태이다.
햄과 비슷한 향기가 난다.

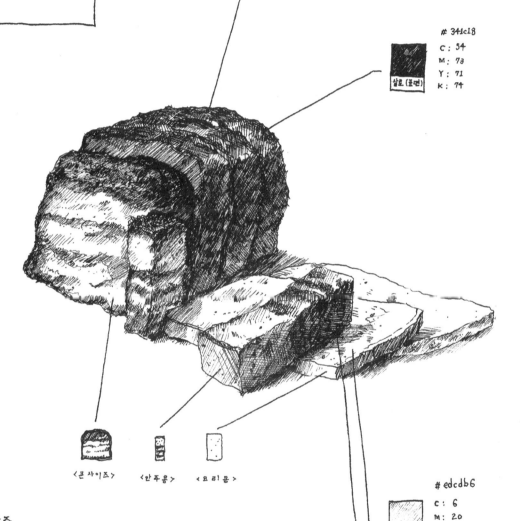

341c18
C : 54
M : 73
Y : 71
K : 74
살로 (표면)

edcdb6
C : 6
M : 20
Y : 26
K : 0
살로 (비계)

d94948
C : 10
M : 86
Y : 73
K : 1
살로 (고기)

<큰 사이즈>　<안주용>　<요리용>

※ 보드카 안주

러시아에서 주로 먹는 보드카 안주 (출처 - 현지인. 근거는 불분명하며 다소 주관적일수 있음)

<살 로> - 부드럽고 짭짤 한 맛.
숙취를 예방해준다.

<치 즈> - 치즈는 다른 술이랑 먹어도 맛있다.

<청어절임> - 입에 넣고 씹으면 버린 맛이
입 속에 확 퍼진다.
하지만 그 비린내가 싫지만은 않다.

<호밀빵> - 아주 거칠고 심심롭한 맛이 난다.
보드카 한잔에 이 빵 한입이면
몸 속에 시베리아 벌판이 느껴진다.

<오이지불> - 러시아 사람들은 오이를 아주 좋아한다.
보드카와도 잘 어울리는 편.

<캐비어> - 필갑상어의 알이다.
먹어본 적은 없다.

<살 라 미> - 얇게 저며진 햄의 한 종류다.
자세한 설명은 생략한다.

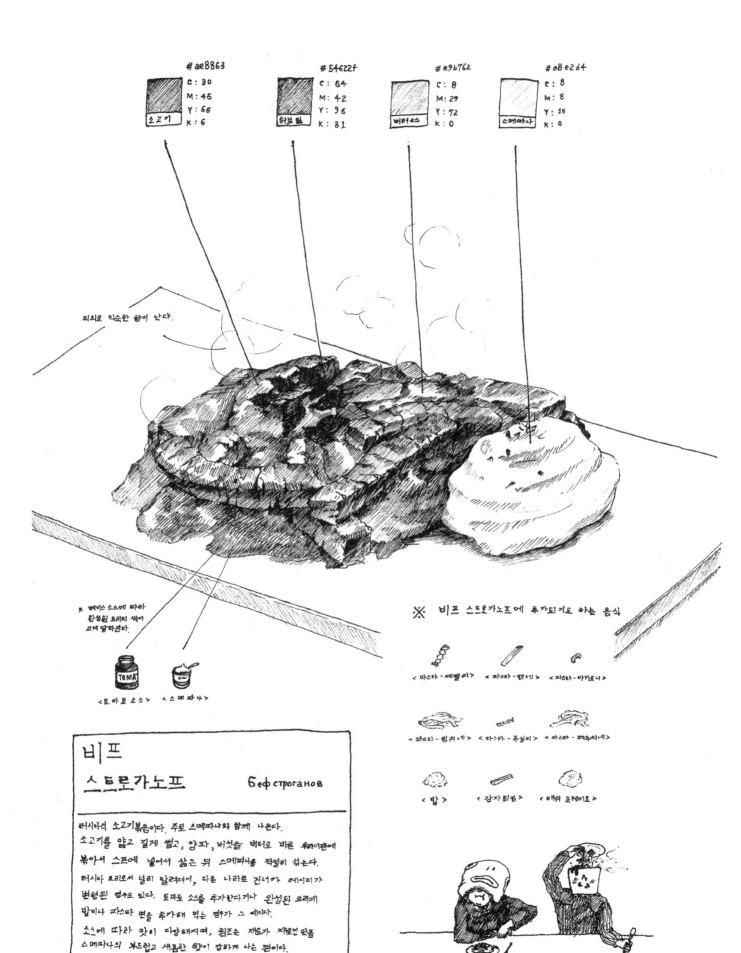

#ae8863
c : 30
M : 45
Y : 66
k : 6
소고기

#54622f
c : 64
M : 42
Y : 96
k : 31
허브 잎

#e9b762
c : 8
M : 29
Y : 72
k : 0
버터소스

#e8e2d4
c : 8
M : 8
Y : 15
k : 0
스메따나

의외로 익숙한 향이 난다.

※ 베이스 소스에 따라 완성된 요리의 색이 크게 달라진다.

<토마토소스> <스메따나>

※ 비프 스트로가노프에 추가되기도 하는 음식

<파스타 - 제멜리> <파스타 - 펜네> <파스타 - 마카로니>

<파스타 - 링귀네> <파스타 - 푸실리> <파스타 - 페투치네>

<밥> <감자튀김> <매쉬 포테이토>

비프
스트로가노프   Беф строганов

러시아식 소고기볶음이다. 주로 스메따나와 함께 나온다.
소고기를 얇고 길게 썰고, 양파, 버섯을 버터로 바른 후라이팬에
볶아서 스프에 넣어서 삶은 뒤 스메따나를 적절히 섞는다.
러시아 요리로서 널리 알려져서, 다른 나라로 건너가 레시피가
변형된 경우도 있다. 토마토 소스를 추가한다거나 완성된 요리에
밥이나 파스타 면을 추가해 먹는 경우가 그 예이다.
소스에 따라 맛이 다양해지며, 원조는 재료가 재료인 만큼
스메따나의 부드럽고 새콤한 향이 강하게 나는 편이다.

< 비프 스트로가노프를 먹는 모습 >

우하

Yxa

연어, 농어, 참치, 청새치, 잉어 등의 생선으로 끓인 수프이다. 보통 한 가지 종류의 흰살 생선을 끓여 만들지만 작은 생선류로 육수를 만들어 끓이기도 한다.

비린내를 제거하기 위해 각종 향신료가 추가된다. 그 외에 당근, 양파, 감자도 재료로 들어간다.

국물 맛이 매우 칼칼하고 시원하며, 추울 때 레몬 슬라이스를 하나 짜서 국에 뿌려 먹으면 맛이 꽤 좋다.

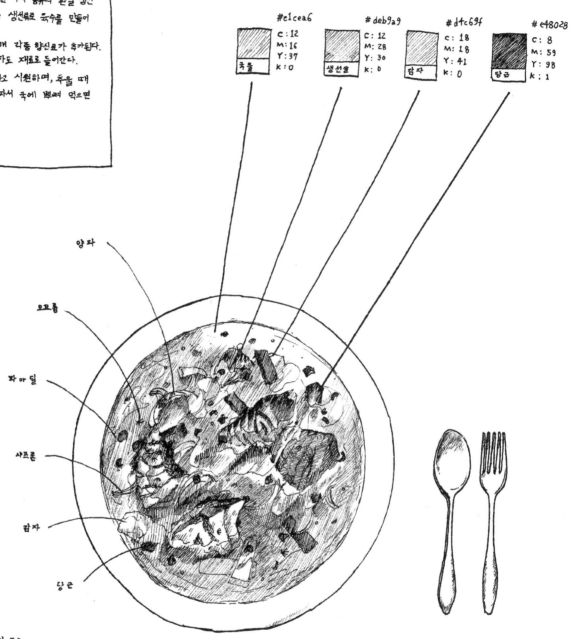

#c1cea6
C : 12
M : 16
Y : 37
K : 0
국물

#deb9a9
C : 12
M : 28
Y : 30
K : 0
생선살

#d4c69f
C : 18
M : 18
Y : 41
K : 0
감자

#e48028
C : 8
M : 59
Y : 98
K : 1
당근

양파
오요름
파아딜
샤프론
감자
당근

— 재료로 쓰이는 생선의 종류

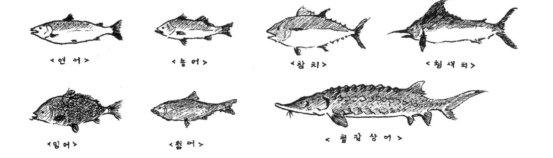

< 연어 >   < 농어 >   < 참치 >   < 청새치 >

< 잉어 >   < 흰어 >   < 철갑상어 >

단 맛

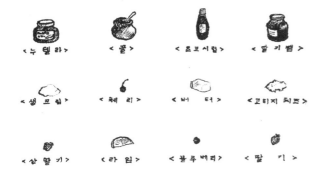

<누 텔 라> < 꿀 > < 초 코 시 럽 > < 딸 기 쨈 >

< 생 크 림 > < 체 리 > < 버 터 > < 코 티 지 치 즈 >

< 산 딸 기 > < 라 임 > < 블 루 베 리 > < 딸 기 >

짠 맛

< 스 메 타 나 > < 마 요 네 즈 > < 버 터 > < 사 우 전 드 아 일 랜 드 >

< 캐 비 어 > < 훈 제 연 어 > < 매 쉬 포 테 이 토 > < 계 란 후 라 이 >

< 다 진 고 기 > < 양 파 > < 요 그 르 트 > < 슬 라 이 스 햄 >

블리니에
추가하면
맛있는 것들

※ 버터는 어떠한 경우에
넣어 먹더라도 항상 맛있다.

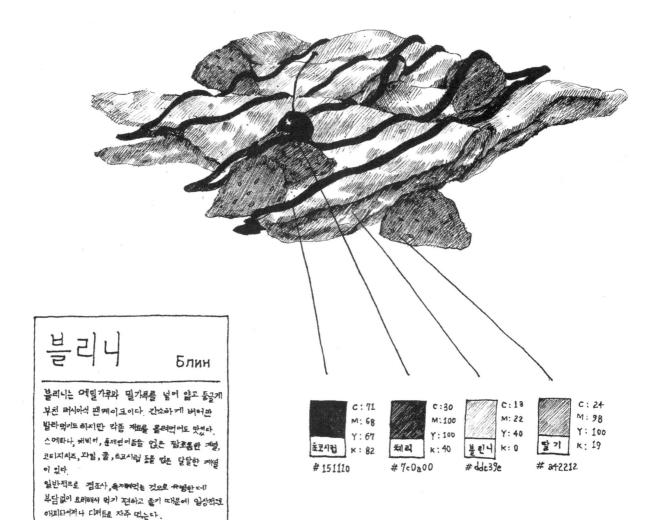

블리니 Блин

블리니는 메밀가루와 밀가루를 넣어 얇고 둥글게
부친 러시아식 팬케이크이다. 간소하게 버터만
발라먹기도 하지만 각종 재료를 올려먹어도 맛있다.
스메타나, 캐비어, 훈제연어등을 얹은 짭쪼롬한 계열,
코티지치즈, 과일, 꿀, 초코시럽 등을 얹은 달달한 계열
이 있다.
일반적으로 겹조사, 혹자꿰먹는 것으로 유명한데
부담없이 요리해서 먹기 편하고 좋기 때문에 일상적으로
애피타이저나 디저트로 자주 먹는다.

초코시럽	체리	블리니	딸기
C : 71	C : 30	C : 13	C : 24
M : 68	M : 100	M : 22	M : 98
Y : 67	Y : 100	Y : 40	Y : 100
K : 82	K : 40	K : 0	K : 19
# 151110	# 7c0a00	# ddc39e	# a42212

피로그 ПИРóг

전통적인 러시아식 파이이다.

속에 들어가는 재료, 만드는모양, 레시피 등등이
매우 다양하다.

메인 요리 또는 사이드 디쉬가 되는 짠맛
피로그는 종종 수프와 함께 짝지어 등장한다.

단맛 피로그는 사이드 디쉬 또는 디저트로 먹으며
홍차와 잘 어울린다.

겉은 따뜻하지만 속은 매우 뜨거울 수 있어서
크게 한 입 베어물었다간 크게 다치는 경우가 있다
(경험담임)

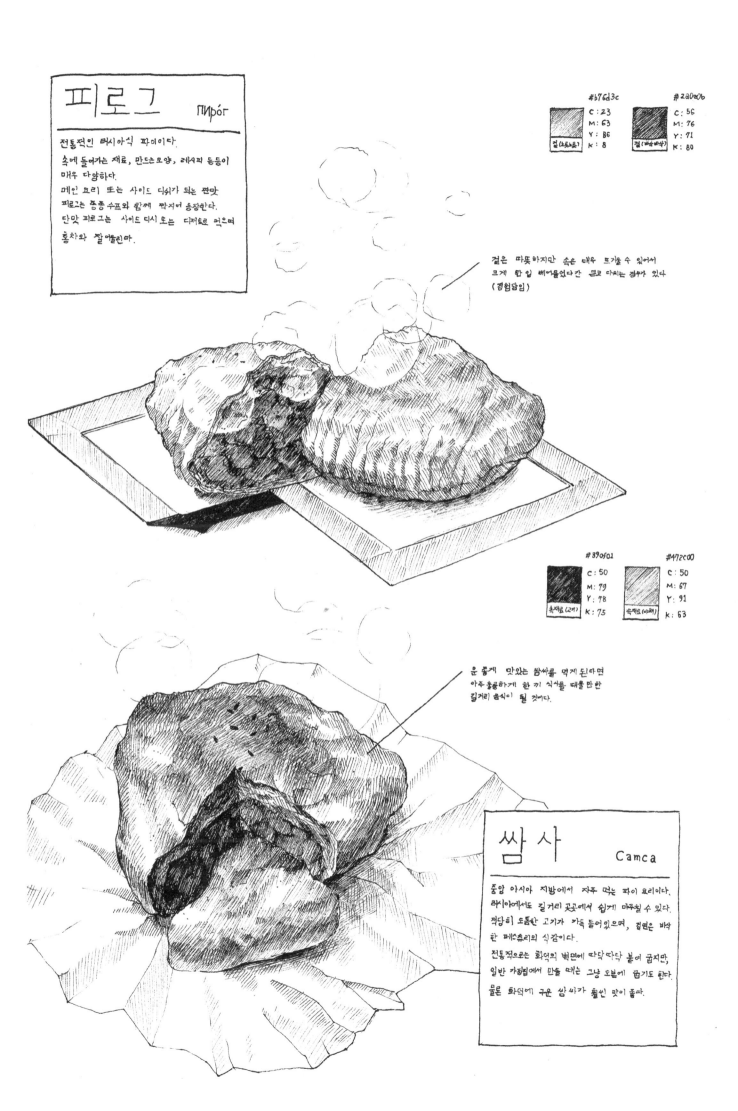

운 좋게 맛있는 쌈싸를 먹게 된다면
아주 훌륭하게 한 끼 식사를 때울 만한
길거리 음식이 될 것이다.

쌈사 Camca

중앙 아시아 지방에서 자주 먹는 파이 요리이다.
러시아에서도 길거리 곳곳에서 쉽게 마주칠 수 있다.
적당히 도톰한 고기가 가득 들어있으며, 겉면은 바삭
한 페스츄리의 식감이다.

전통적으로는 화덕의 벽면에 따닥따닥 붙여 굽지만,
일반 가정집에서 만들 때는 그냥 오븐에 굽기도 한다.
물론 화덕에 구운 쌈싸가 훨씬 맛이 좋다.

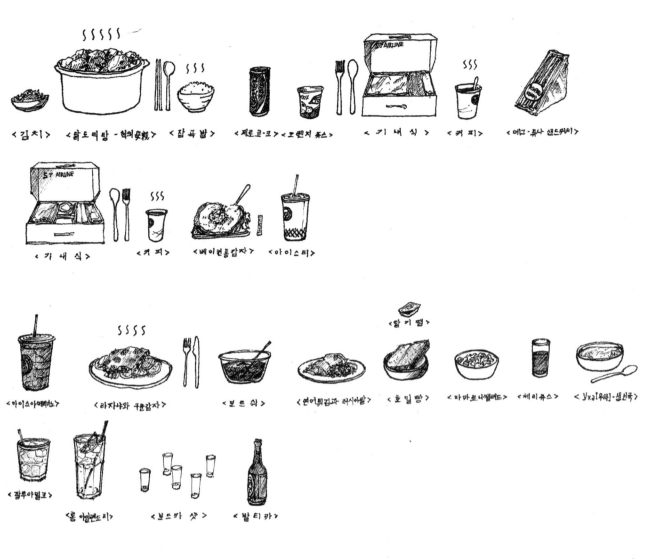

< 김치 > < 닭도리탕 - 혁의 요리 > < 잡곡밥 > < 제로코-크 > < 오렌지 쥬스 > < 기 내 식 > < 커 피 > < 에그·튜나 샌드위치 >

< 기 내 식 > < 커 피 > < 베이컨볼감자 > < 아이스티 >

< 아이스아메리카노 > < 라자냐와 구운감자 > < 보 르 쉬 > < 연어튀김과 러시아밥 > < 호 밀 빵 > < 마카로니셀러드 > < 체 리 쥬스 > < Yxa[우하] - 생선국 >

< 딸 기 쨈 >

< 깔루아밀크 > < 롱 아일랜드 티 > < 보드카 샷 > < 발 티 카 >

< 감자샐러드 > < 양 샤슬릭 > < 닭 샤슬릭 > < 소고기 볶음밥 > < 홍 차 > < 각 설 탕 > < 구운 콰타 찐 감자 > < 오크롬을 곁든 그릴 감자 > < 구운토마토와 양고기 미트볼 >

< 요거트음료 >

< 닭가슴살튀김과 러시아밥 > < 볶은야채와 삶은감자 > < 샐러드와 감자튀김 > < 넓 적 빵 > < 마카로니 샐러드 > < 당근 김치 > < 요거트음료 >

< 솔 란 까 > < 매쉬 포테이토 > < 볶음 스테이크 > < 내장 요리 > < 치즈 포테이토 > < 홍 차 > < 얼그레이 > < 그린 티 > < 각설탕 >
웰 - 던

<더블 스테이크 버거> <후렌치후라이> <케 찹> <콜 라> <솔 란 카> <매쉬포테이토> <포 로 켓> <스메따나> <석류음료>

<발 티 카 (生)> <보 드 카> <잭 콕> <보드카 샷> <폭 탄 주>

<갈 비 탕> <당근 김치> <두부조림> <배추김치> <공 기 밥>

<빅 맥> <웨지 감자> <마요네즈> <케 찹> <콜 라> <양고기 샤슬릭> <쌈 싸>

<닭 다 리> <볶음밥과 뺌베니> <홍 차> <보르쉬·호밀빵·스메따나>

<양 갈 비> <후렌치후라이> <OXOTA 맥주> <홍 차>

<미트볼과 매시 포테이토> <구운 닭가슴살과 감자>

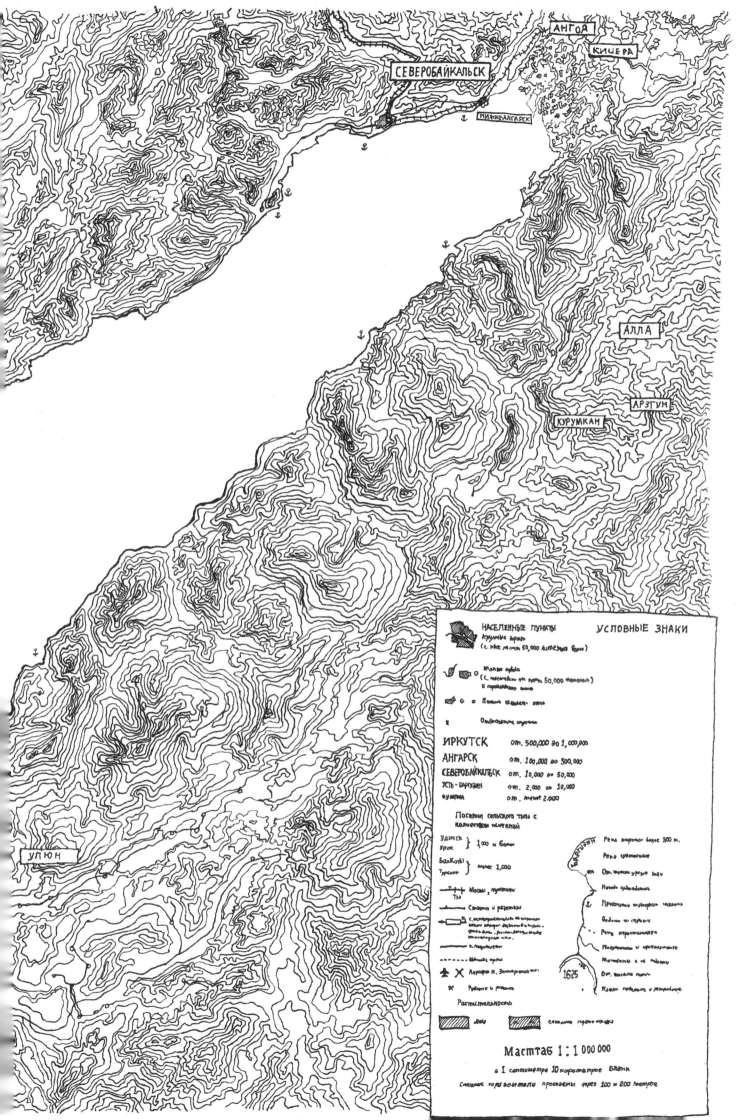